DINOSAURS *Profiles from a Lost World*

恐龙复原档案
解密远古时期的地球霸主

［美］赖利·布莱克（Riley Black）著

［意］里卡尔多·弗拉皮奇尼（Riccardo Frapiccini）绘

廖俊棋 秦子川 译

人民邮电出版社
北京

目录

引言

恐龙的形象早已深深嵌入我们的脑海之中。

甚至在我们创造一个词来代表这些奇妙的爬行动物之前，世界各地的人们就已经发现了现在被我们称为恐龙的化石，并对它们感到好奇。例如，北美洲东部的莱纳佩部落就将三趾恐龙的足迹运用到他们的艺术创作中，并认为这些足迹是由曾经活着但最终消失的动物所留下的；在中国古代，恐龙的骨头曾被认为是飞龙的骨头，在传统医学中被制成药粉[1]。而随着时间的推移，科学家们也迷上了恐龙。1842 年，英国解剖学家理查德·欧文为在西欧发现的 3 种古代爬行动物创造了"恐龙类"（dinosauria）一词，但这仅仅是个开始。在随后的 180 年里，古生物学家发现了成百上千种新的恐龙。发现的速度如此之快，以至于每几个月就会有一个新种恐龙被描述并发表。

尽管在我们的史前史观中，恐龙的地位令人印象深刻，但它们只是曾经生活在地球上的一类动物。即使在那个我们现在所称的恐龙时期——2 亿 3500 万年前到 6600 万年前——恐龙仍要与无数其他生物共享这个世界，从巨型食植动物赖以为生的蕨类植物[2]到生活在它们羽毛中的虱子。甚至还有其他样貌同样令人震惊的史前爬行动物，如海中长得像鱼的鱼龙和在空中飞翔的翼龙。这些史前爬行动物种类繁多，有时我们甚至很难区分恐龙与其他史前爬行动物。但如果你知道要观察什么特征，就可轻易地从众多史前爬行动物中找到真正的恐龙。

要列举出所有恐龙共有的特征是一项棘手的任务。恐龙在地球上已经生活了大约 2 亿 3500 万年，并演化出了不同的形态，如身披重甲的甲龙和蜂鸟。就像有许多不同的生物被称为哺乳动物一样——无论是鲸、蝙蝠还是人类，随着时间的推移，恐龙也有许多不同的外貌。事实上，所有的鸟类都是恐龙——它们也是恐龙家族中唯一幸存的血脉。尽管如此，每当我们说到恐龙时，最先浮现在脑海里的却是生活在很久以前那些长有尖刺、角或锋利牙齿的种类，也就是古生物学家所说的非鸟类恐龙。而在这些典型的恐龙中，有一些特征让恐龙有别于其他爬行动物。

恐龙并不像蜥蜴或鳄鱼那样在地面上爬行、腹部紧贴地面、四肢向外伸开；

1　译注：指传统中医的药方"龙骨"，虽然名称中有"龙"，但现已知其材料来自古代的大型动物，如象类、三趾马类、牛类、羊类等。

2　译注：恐龙时期虽然也有大型蕨类植物，但主要的植物类群是裸子植物，如银杏、松柏等，并在晚侏罗世到白垩纪演化出开花植物。

相反，恐龙——从剑龙到霸王龙——它们的腿都在身体下方伸直。这些像柱子一样的腿使恐龙能够快速移动，并在高温代谢的支持下过着活跃的生活。它们像鸟类和哺乳动物一样会维持体温，而不像现生的爬行动物。它们的腿上还有另一个可辨认其身份的线索。恐龙的脚踝像一个简单的铰链——你可以在脚骨的顶部和腿骨的底部之间画一条直线。这个简单的踝关节有别于鳄鱼等其他爬行动物，可以让我们轻易地辨认出恐龙 [1]。

恐龙的另一个秘密则藏在头骨之中。恐龙的眼窝和鼻子之间的头骨上有一个洞，称为鼻眶前孔 [2]。这个洞有助于使头骨轻量化，尤其是对于霸王龙 [3] 等头骨大的种类而言。而且，古生物学家发现，恐龙是唯一长有羽毛的动物。不只是在今天我们会被许多不同种类的有羽毛恐龙包围，其实许多史前的恐龙也长有不同形式的羽毛。像伶盗龙这样的恐龙身上就覆盖着结构复杂的羽毛，而早期的暴龙类身上则是覆盖着纤细的绒毛，甚至角龙类的鹦鹉嘴龙在尾巴上也长出了羽茎状的鬃毛。尽管其他一些古老的爬行动物也有毛茸茸的外表——比如会飞的翼龙——但只有恐龙演化出了真正的羽毛。

一些很大和很奇怪的恐龙最容易引起我们的注意。古生物学家似乎很快就会命名一个新种的恐龙，它会是有史以来最大的，或者有最多的角，或者看起来特别奇怪。我们所知道的许多恐龙大多很大，在史前全盛时期，恐龙的平均体重约为 1300 千克，但其中有身形仅略大于乌鸦的，也有身长超过 30 米的。恐龙演化出的各种不同的大小和形貌证明了它们的成功。恐龙确实占据了中生代世界，但它们并非注定会伟大。

恐龙的故事始于世界上有史以来最严重的大灭绝之后。大约 2 亿 5200 万年前的二叠纪末期，现在的西伯利亚发生了剧烈的火山喷发。这次并非熔岩喷向空

---

1   译注：有这种踝关节的生物被称为"鸟跖类 (avemetatarsalia)"，与鳄鱼家族及其近亲所属的"镶嵌踝类 (crurotarsi)"分别属于主龙类（见第 8 ~ 9 页后文）的两大分支。要注意的是，鸟跖类包括但并不限于恐龙类，因此这种踝关节特征也会出现在一些非恐龙的类群上，如翼龙类。

2   译注：鼻眶前孔属于主龙类共有的特征，因此在原始的鳄鱼和翼龙类中也有，并非恐龙所独有。

3   译注：2022 年有研究认为暴龙属 (Tyrannosaurus) 应该分成 3 个种，即霸王龙 (T. rex)、帝王暴龙 (T. imperator) 和女王暴龙 (T. regina)。但在本书原书出版时，暴龙属的分类中仅有霸王龙一种，因此翻译上无论属名或属种名都统一为"霸王龙"，以免同一种类的恐龙在前后段落反复出现"霸王龙"及"暴龙"两种译名，造成读者混淆；但在涉及比属更高的分类单元时，则以"暴龙"称呼，如"暴龙类""暴龙科"等。

中的猛烈喷发,而是岩浆缓慢流出,倾泻范围超过700万平方千米。熔岩还只是当时地球上最小的问题。火山喷发向大气中释放了数百万吨二氧化碳等温室气体。随之而来的就是世界开始迅速变暖,且空气中的氧气含量下降。温室气体还导致海洋酸性增强,使制造外壳的生物更难形成坚硬的骨骼。这些变化是不可避免的,以至于超过75%的已知化石物种消失了,其中海洋生物受到的打击尤为严重。如此大灭绝所产生的破坏是空前绝后的。

但是,对许多物种来说的厄运,对幸存的爬行动物而言是有利的。在大灭绝之前,原始哺乳动物(protomammals)——也就是我们远古的祖先——是陆地上数量最多、种类也最多的动物。爬行动物虽然已经演化出来,但它们通常很小,并且不像原始哺乳动物那样具有各种各样的外貌和活动。但在大灭绝之后,几乎所有的原始哺乳动物都消失了。一群特殊的爬行动物——主龙类(archosaurs)——存活到下一个时期的早期,即三叠纪,并且即将重塑世界。

幸存的主龙类比当时苟延残喘的原始哺乳动物更具优势。主龙类发育迅速,并且能够在达到完全成年的体形之前就开始繁殖。主龙类还产下大量的卵,并且在每一世代中能够产生更多的后代。这种快速生长和大量繁殖的结合使它们的数量迅速超过原始哺乳动物,并演变出一系列惊人的新样貌。其中一些主龙类演变出最早的鳄鱼谱系,并成为三叠纪的主要爬行动物。其中有些是掠食者,牙齿呈锯齿状;有些全身覆盖着盔甲;还有一些以植物为食,这些鳄鱼表亲俨然已经取代原始哺乳动物的地位,成为地球上最具优势的动物。另一群主龙类也开始演化。大约2亿3300万年前,在现在的东非地区生活着一些奇怪的主龙类,这些主龙类的体形大小与德国牧羊犬差不多,有着长长的脖子、长长的尾巴和叶状牙齿。它们经常四肢着地行走,我们从它们留下的粪化石中得知,它们吃甲虫和其他昆虫。这些温驯的爬行动物是已知最早的恐龙,生活在当时鼎盛的鳄鱼家族阴影之下。

尽管第一批恐龙在2亿3300万年前就已经进化出来,但它们并没有统治世界。那时,它们是其他爬行动物的猎物。但是仍有足够多的恐龙得以生存和繁殖,它们很快就开始演化出不同的样貌。它们中的一些变成了小型、敏捷的食肉动物,捕食蜥蜴和小型原始哺乳动物。一些种类则开始演化出喙,成为杂食动物。还有一些开始变得越来越大,演化出更长的脖子以更好地吃到高处的植物。恐龙坚持了下来,与它们同时期的其他爬行动物一起演化了数百万年。然后它们迎来了属于自己的幸运机会。

恐龙之所以成为陆地上的霸主，并不是因为它们更加凶猛或天生优越。实际上，那是因为恐龙非常幸运。在 2 亿 100 万年前的三叠纪末期，地球又经历了一次大灭绝，火山再次成为罪魁祸首。位于现在北大西洋的火山剧烈喷发，再度上演了与二叠纪末期非常相似的情景。地球经历了一段剧烈变暖的时期，随后温度骤降，如此戏剧性的巨变让许多生物无法承受。许多在三叠纪繁衍的鳄鱼表亲消失了，只留下了少数血脉。而恐龙几乎毫发无损地安然度过了这场灾难。

古生物学家不确定为什么恐龙能够轻松承受地球第四次大灭绝的压力[1]。一种假设是，恐龙比其他爬行动物更能应对温度的波动。最早的恐龙体形较小，腿在身下，很可能全身覆盖着保暖的绒毛[2]。当时的恐龙必须快速移动才得以捕捉昆虫和其他猎物，但在演化出新的样貌并变得更大时，保暖身体的绒毛和鳞片的保护层保留了下来。这些古老的特征可能帮助恐龙在火山引起的极端气候变化中躲开了灭亡的命运，从而使恐龙在侏罗纪演化出更奇怪、更多样化的样貌。就在这时，即 2 亿 100 万年前侏罗纪前的黎明，恐龙才真正开始统治地球。

恐龙的好运延续了数千万年。无数新物种以各种形态和大小演化着。有锋利牙齿的食肉动物，它们成为侏罗纪和白垩纪世界的梦魇；有体重超过 62.5 吨的巨大食植动物；有一些身穿铠甲的食植动物，尾巴末端长有带刺的棍棒；也有扑腾着羽翼在森林中跳跃，追逐小猎物的动物。恐龙完全占据了陆地，如果不是一颗任性的小行星，它们的统治可能会持续到今天。

恐龙不可能永远幸运。大约 6600 万年前，一颗直径约 11 千米的小行星或类似的地外岩石体撞击了现今的中美洲尤卡坦半岛。撞击带来的破坏是灾难性的。超过 91 米高的海啸从撞击点冲出，数百万吨的碎石被抛入大气层。当这些碎片落回地面时，摩擦力如此之大，引起了暂时性的热脉冲，使气温飙升至 260 摄氏度以上。天气过热，乃至于世界各地的森林都自发性地燃烧起来。能避难的方式是在地下挖洞或潜入水下，但这是大多数恐龙无法做到的。在短短一天之内，地球上的大多数恐龙灭绝了——就算熬过第一天的幸存者，也不得不与接踵而来的三年寒冬做斗争。其中只有大约在 1 亿 5000 万年前首次演化出来的鸟类成了唯

1　译注：地球上一共发生过五次大灭绝事件，分别发生于奥陶纪、泥盆纪、二叠纪、三叠纪和白垩纪的末期。

2　译注：由于羽毛不易保存，因此目前还没有直接证据显示早期的恐龙就有绒毛，多数较为保守的观点认为绒毛以及后来的鸟类羽毛是在兽脚类中较晚期的虚骨龙类才演化出来的。但在翼龙类以及鸟臀类恐龙的部分化石中也发现了绒毛或鬃毛结构，目前也有许多观点（包括本书）认为毛状结构的起源可能非常原始，因此分布的种类也很广泛。

一幸存下来的恐龙种类。

如果那颗小行星没有来，或者如果大灭绝发生了微妙的不同，霸王龙和三角龙的后代可能仍然延续至今。尽管 6600 万年是一段很长的时间，中途仍可能发生不同的大灭绝，但恐龙成为地球霸主的时间，远比这段时间要长得多。让我们来算算，我们生活在霸王龙之后大约 6600 万年，但是霸王龙时期和剑龙时期之间相隔了 8000 万年以上，而霸王龙与最早的恐龙之间相隔了大约 1 亿 6500 万年。恐龙已经存在了很长时间，以至于当三角龙四处游荡时，雷龙已经在地球深处变成了化石。恐龙经受了海平面变化、气候变化等环境变化的考验，并通过大量的演化保住了自己的地位。直到一场真正异常的大灭绝——一次与降临在我们星球上并与过去任何其他事件都截然不同的大灭绝——恐龙才真正灭绝。

所有这些知识都来之不易。当你在思考化石是什么以及它们是如何形成的时候，就会惊讶于我们竟然有幸知道恐龙曾经存在过。例如，要使恐龙的骨骼变成化石，该恐龙必须生活在沉积物层层堆积的环境中，例如溪流穿过的洪泛区、布满沙丘的沙漠或湖边（我们可能很难了解生活在山区的恐龙的太多信息，因为山区是岩石被侵蚀的地方，而不是沉积的地方）。在食腐动物或分解者破坏身体之前，恐龙需要被沉积物迅速掩埋。即使在这种罕见的情况下，这些骨头也必须经受住地球数百万年来经历的所有地质变化，并且恰好位于靠近地表的合适地层中，古生物学家才有机会找到它们。虽然埋藏化石的地方总是比寻找化石的人多，但找到恐龙化石还是需要很大的运气。所有幸运的偶然因素必须结合在一起才能帮助我们找到恐龙骨骼，更不用说还要挖掘、运输、编目、清洁、研究和储存这些化石了。因此如果你把所有被发现的恐龙化石放在一起，它们只占所有恐龙总数的不到 1%。

然而，古生物学家每年都会报道新种恐龙，或是已知经典恐龙的更完整骨骼，或有关恐龙生物学的新知识。尤其自 20 世纪后期以来，古生物学家花费了大量精力试图了解恐龙生活的真实情况。有些专家将恐龙骨头切成薄片并观察这些切片，以研究恐龙生长的速度以及特定恐龙死亡时的年龄。有些古生物学家使用激光扫描仪创建恐龙骨骼和骨架的三维模型，以研究这些动物如何移动以及它们的体重。一些古生物学家仔细观察恐龙的羽毛和皮肤，将这些化石痕迹与现代鸟类进行比较，以了解恐龙的颜色。这还不是全部。从恐龙的声音到它们的社会生活以及求爱的细节，我们现在对恐龙的了解更加深入。

关于恐龙的发现一直没有停止的迹象。每周，科学期刊都会发表有关恐龙和它们生活世界的新信息，且还有更多东西有待发现。根据世界各地包含恐龙化石的岩层数量和古生物学家尚未广泛搜索、研究的岩层数量，专家估计我们发现的非鸟类恐龙只有曾经存在的 1/3 左右。我们还没有得出关于恐龙的结论，甚至现在才刚刚开始了解其皮毛。仍有数以千计的恐龙种类等待被发现，而发现它们只是研究的第一步。古生物学家想知道恐龙吃什么、它们移动的速度有多快、它们如何交配、如何交流，以及许多其他问题。但当我们生活在它们灭绝后的 6600 多万年时，这些问题非常难以回答。从岩石中挖出的每一块恐龙骨头都有可能帮助我们回答一些悬而未决的问题，这是时间胶囊，承载了曾经活着的动物组织。

恐龙之谜让这类爬行动物引起我们的关注近两个世纪之久。了解恐龙当然需要在岩石记录中寻找线索，但也需要好奇心和想象力。站在恐龙骨架的阴影下，很难不好奇这些曾和我们居住在同一星球的 "住民" 会是什么样貌。每当我们得到一些关于恐龙的新的答案时，这些答案又会引发关于这些魅力十足的爬行动物的更多问题。我们对恐龙的好奇心是无法被满足的。

本书接下来的内容是一系列有助于勾勒恐龙宏大故事的简介。但由于物种太多，在此不可能一一列举，更不用说还有某些恐龙种类仅发现了一块骨头或一颗牙齿，只能等待未来的发现以帮助我们更好地了解它们的外观和生活方式。本书介绍的恐龙都是所有恐龙中较著名和人们研究较深入的恐龙。你不仅会遇到霸王龙等经典动物，还会遇到像迈摩尔甲龙这样的恐龙，这是已知的早期装甲类恐龙之一；还有棘龙，这是唯一一种被认为会长时间待在水中的非鸟类恐龙。有大的和小的；有牙齿的和有喙的；有羽毛的和有鳞的，这本书中的档案是向恐龙的奇妙和奇怪致敬。它们的一些邻居也被放入插图之中，如有蝙蝠翅膀般的翼龙、远古鳄鱼和其他几位特邀嘉宾都能帮助我们营造中生代的景象，这是一个爬行动物统治的时期。

第5页图　霸王龙是迄今为止发现的大型食肉恐龙之一，并被认为是其生存时期内最大的陆地捕食者。古生物学家估计，在30年的时间里，成体霸王龙的体长可达到12米，体重超过8吨。就像我们一样，霸王龙在进入青春期发育之前体形也是瘦长的。

三叠纪

2亿5200万年前—2亿100万年前

三叠纪的故事始于有史以来最严重的大灭绝事件。超过 2 亿 5200 万年前的二叠纪末期，世界遭受了有史以来最为严重的大规模灭绝。在现在的西伯利亚地区，剧烈而持久的火山喷发向空气中排放了无数吨的温室气体，这种变化如此明显，以至于空气中的氧气含量下降，海洋酸性变强，全球气候变得异常温暖。

　　许多种类的生物无法应对这些变化。全球有超过 75% 的陆地生物和超过 90% 的海洋已知物种惨遭灭绝，这从根本上改变了地球生命的性质。但如果没有这次灭绝，恐龙可能永远不会演化出来。在这场灾难之前，原始哺乳动物——术语上称为合弓类（synapsids）的生物，与我们的关系比与爬行动物的关系更密切——是陆地上数量最多、种类最多、最奇特的脊椎动物。爬行动物被排挤在边缘，包括一类较晚出现的生物（称为主龙类）。当二叠纪末期生物大灭绝结束，三叠纪的第一天破晓时，主龙类幸存了下来，大多数原始哺乳动物却灭绝了。世界是开放的，并为爬行动物时期的开始做好了准备。

　　古生物学家仍在争论到底是什么让主龙类和其他爬行动物在灾难后比原始哺乳动物过得更好。一种假设是，主龙类和其他爬行动物的呼吸方式比原始哺乳动物更有效率，因此它们能够更好地应对大气中氧气含量下降的变化。另一个补充的想法是，主龙类和其他爬行动物能够在它们达到完全成年体形之前就开始繁殖并产下许多卵，因此爬行动物得以填满古老的环境；而幸存的原始哺乳动物——例如像猪的二齿兽类（dicynodontians）和像黄鼠狼的犬齿兽类（cynodontians）——则被排挤到边缘。正是在早三叠世这段时间，世界上出现了第一批会飞的爬行动物、第一批海洋爬行动物，当然还有第一批恐龙。

　　迄今为止发现的最古老的恐龙大约有 2 亿 3500 万年的历史，来自坦桑尼亚的尼亚萨龙（*Nyasasaurus*）可能代表了第一批恐龙的样子。这些动物的体形并不大，也没有磅礴气势。最早的恐龙大约只有德国牧羊犬那么大，长着小脑袋和长脖子，可能以植物和甲虫为食。在那段仍处于早三叠世的时期，远古鳄鱼的近亲是陆地上的主要脊椎动物，其种类的多样性要远比恐龙多得多。

　　但是恐龙坚持了下来。在整个三叠纪中，它们开始分裂成新的类群——长着獠牙状牙齿的杂食动物、有长脖子和粗壮身体的食植动物，以及迅捷的食肉动物。到三叠纪末期，恐龙已经找到了一条与鳄鱼近亲一起繁荣发展的道路，为迎来真正的"恐龙黎明"奠定了基础。

始盗龙

尽管巨型恐龙是"可怕的蜥蜴[1]"中最广为人知的一群，但最早的恐龙并不大。例如，在阿根廷大约 2 亿 3000 万年前的岩石中所发现的月亮谷始盗龙[2]只有 1 米左右长，体重与豺狼相当。尽管这只恐龙很小，却代表了整个恐龙演化大事件的序幕。

当古生物学家里卡多·马丁内斯于 1991 年发现始盗龙时，人们认为这种恐龙是食肉动物，并且与异特龙和霸王龙等后期出现的食肉动物的祖先有关。但最近的研究分析改变了这种解释。始盗龙已被重新归类为蜥脚类 (sauropodmorph) 恐龙——一群长颈、以植物为食的恐龙，其中包括腕龙等物种。

这种恐龙骨骼中的一些微妙差异特征更接近四足食植动物的祖先，而不是食肉动物。始盗龙代表了蜥脚类恐龙演化的早期阶段，介于最早的食虫恐龙和后来的种类之间。不仅如此，像始盗龙这样的蜥脚类恐龙在 2 亿 3000 万年前就演化出来的事实表明，在第一只恐龙出现后不久，恐龙就分裂出了它们的主要支系。一些有史以来最大的恐龙追溯它们的亲属，可以一直追溯到三叠纪。

始盗龙生活在史前的阿根廷，恐龙的栖息地是一片长满蕨类植物和针叶树的茂密洪泛区。然而，尽管始盗龙的牙齿锋利，但这种恐龙并不是其栖息地中最大或最可怕的生物。当时的顶级掠食者是大型鳄鱼的近亲，如蜥鳄；而始盗龙太小，既无法吃被称为坚蜥类 (aetosaurs) 的装甲爬行动物，也无法吃被称为二齿兽类的类似猪的原始哺乳动物。始盗龙可能会以植物以及小型猎物为食，如蜥蜴和昆虫。

尽管恐龙享有盛名，但始盗龙在其古老的栖息地中可能非常罕见。在发现始盗龙的阿根廷伊斯基瓜拉斯托组[3]中，恐龙化石仅占所有样本的 6% 左右。有更多的鳄鱼亲属、原始哺乳动物和其他生物占据了恐龙正在演化的世界。尽管早期的解释认为始盗龙是造就恐龙崛起的贪婪食肉动物，但早期恐龙似乎处于观望状态。一直到三叠纪末期发生的大灭绝才扭转了恐龙的发展趋势。

---

1 译注：恐龙一词原意是来自古希腊语的"巨大而恐怖的蜥蜴"，因此英文中会以"恐怖的蜥蜴"等来指称恐龙，但实际上恐龙与蜥蜴并没有直接的亲缘关系。

2 译注：生物在分类上采用的是双名法，即一个属名加上一个种名，如本文的始盗龙 (*Eoraptor*) 就是属名，月亮谷 (*Lunensis*) 就是种名。由于许多恐龙在该属之下只有一个种类，因此属名可大致等于属种名，所以在称呼时也常以属名称呼。但在有多个种类或是有需要指称特定种类时，则会加上种名一起称呼。

3 译注：组是岩石单位系统的基本单位，有相对一致以及有一定结构类型的地层，往下可细分为段、层，往上更大的单位为群。

生物档案

名称：月亮谷始盗龙

学名：_Eoraptor lunensis_

命名年份：1993年

时期：晚三叠世，2亿3000万年前

地点：阿根廷

身长：1米

体重：10千克

食物：杂食

分类：蜥脚型类

腔骨龙

如果你置身于大约 2 亿 2000 万年前史前美国的新墨西哥州的针叶林，你可能会看到一只毛茸茸的恐龙在树木间飞奔。这是鲍氏腔骨龙，一种早期的食肉恐龙，是著名的恐龙种类之一。许多恐龙仅能从少数标本中进行研究，然而腔骨龙则有数以百计的标本。

腔骨龙的第一个化石于 1881 年在美国新墨西哥州被发现。不过只有几块骨头，而且保存得不是很好。直到 1947 年，古生物学家才开始更好地了解这种动物。在新墨西哥州的"幽灵牧场"，古生物学家发现了一个巨大的腔骨龙"墓地"，里面有许多腔骨龙以及其他生物的骨骼。值得一提的是，幽灵牧场也是艺术家乔治娅．奥基夫的灵感来源[1]。

腔骨龙活着时大约有一只大火鸡那么大，尾巴很长。古生物学家还认为，腔骨龙的身体也覆盖着一层简单、纤细的原始羽毛。虽然腔骨龙锋利弯曲的牙齿表明这种恐龙吃肉，但它并不是顶级掠食者。相反，腔骨龙最有可能吃蜥蜴、昆虫、小型原始哺乳动物或这一类的三叠纪"零食"。事实上，人们在一些腔骨龙类的肋骨内发现了小型鳄鱼近亲的骨头，正好就在胃部所在的位置。

人们在幽灵牧场发现了 100 多只腔骨龙，这一事实引发了古生物学家对这类恐龙是否群居的猜测。埋在一个地方的骨骼数量之多可能意味着腔骨龙是群居的；但话又说回来，这些恐龙也可能只是聚集在一个干涸的水坑里捕食小鱼，或者有其他环境原因，类似今天的鳄鱼。无论原因为何，它们都被一同埋葬在有史以来最令人惊叹的化石点里。

---

1 译注：乔治娅．奥基夫(1887—1986)为美国艺术家，名列 20 世纪的艺术大师之一，以半抽象半写实的手法闻名，作品主题多为花朵微观、岩石纹理、海螺、动物骨头以及美国内陆景观等。

生物档案
名称： 鲍氏腔骨龙
学名： *Coelophysis bauri*
命名年份： 1887年
时期： 晚三叠世，2亿2100万年前
地点： 美国西南部
身长： 3米
体重： 15.9千克
食物： 蜥蜴及小型脊椎动物
分类： 腔骨龙科

第18~19页图　幽灵牧场的采石场出土了数百具腔骨龙骨骼，其中许多化石是完整的。有些甚至包括肠道内容物，为三叠纪食物网提供了更多线索。古生物学家仍在争论为什么会在一个

巨殁龙

恐龙的发现并不总是来源于新鲜刚出土的化石。有时，古生物学家也会在博物馆的抽屉里发现新的恐龙。巨殁龙就是这种情况，这种恐龙有时会与其他种类混淆。

1969 年，古生物学家描述并发表了一种新的食肉恐龙——津巴布韦"合踝龙"（*"Syntarsus" rhodesiensis*）。这种小恐龙与来自北美洲的腔骨龙非常相似——事实上，这两者是如此相似，以至于一些古生物学家质疑这种新恐龙也许只是腔骨龙的一种。更复杂的是，"合踝龙"的学名 *Syntarsus* 已经被赋予了一种甲虫，因此不能再用于命名恐龙。这是分类学——物种是如何命名的学问，而古生物学家们需要解决这个分类学上的难题。

2001 年，古生物学家建议给这种小型食肉动物取一个新名字——津巴布韦巨殁龙。尽管之前的比较研究将这种恐龙与腔骨龙混淆了，但最近的分析表明，巨殁龙与北美洲发现的其他物种，如斯基龙（*Segisaurus*）和坎普龙（*Camposaurus*）的关系更为密切。巨殁龙是古代盘古大陆大量繁殖的小型、敏捷的食肉动物之一。

巨殁龙生活在恐龙真正兴起的时期之前。这种小型食肉动物栖息在古老的泛滥平原中，溪流穿梭其中，针叶树点缀其间。在同一栖息地还有许多其他恐龙，例如大椎龙，是大型、长颈的食植动物，会用两条腿行走，并有巨大的拇指爪；还有许多体较小、有喙的食植动物，它们用两条腿跑来跑去，如法布尔龙（*Fabrosaurus*）。

但巨殁龙并不是大型掠食者。与其三叠纪的祖先一样，这种恐龙捕食其栖地内的蜥蜴、哺乳动物和其他小动物。事实上，恐龙眼部的骨骼排列表明，巨殁龙主要在夜间活动，这是抓住熟睡的蜥蜴或呼呼大睡的哺乳动物的最佳时机。

1　译注：种名以"罗得西亚（Rhodesia）"命名，津巴布韦原称南罗得西亚，是非洲东南部的内陆国家。

生物档案

名称： 津巴布韦巨殁龙

学名： *Megapnosaurus rhodesiensis*[1]

命名年份： 2001年

时期： 晚三叠世，2亿100万年前

地点： 南非及津巴布韦

身长： 3米

体重： 31.7千克

食物： 蜥蜴等小型脊椎动物

分类： 腔骨龙科

埃雷拉龙

1959 年，山羊牧民维多利诺·赫雷拉在阿根廷西北部的圣胡安附近发现了一些不寻常的东西——骨骼化石。

这一发现改变了我们对恐龙起源的认识。这些可不仅仅是能追溯到晚三叠世的旧骨头，其中可有一些全新未知的东西——伊斯基瓜拉斯托埃雷拉龙。

埃雷拉龙是一种什么样的动物？一些专家认为这种动物是一种早期的食肉恐龙；其他专家则不确定埃雷拉龙是否属于恐龙，甚至不确定它们是否可以归入任何特定的恐龙类群。但是更好的化石——包括具有完整头骨的化石——帮助古生物学家更好地了解埃雷拉龙。埃雷拉龙大约有北极熊那么大，是其所在的古老环境中的中大型食肉动物之一。

古生物学家仍在努力弄清楚埃雷拉龙与其他恐龙的关系。就像生活在相同环境中的始盗龙一样，埃雷拉龙是如此古老，以至于专家们很难判断这种食肉动物在恐龙家族树中处于什么位置。

一些专家认为埃雷拉龙是名为蜥臀类 (saurischians) 的恐龙类群的早期成员——其中包括兽脚类 (theropod) 恐龙和蜥脚类 (sauropod) 恐龙亚群——而另一些专家则认为埃雷拉龙是兽脚类恐龙家族的早期成员。

然而，无论它的亲缘关系如何，埃雷拉龙绝对是食肉动物。这种恐龙不仅有弯曲的锯齿状牙齿，而且还有一个特殊的关节，可以让下巴来回滑动以更好地抓住挣扎的猎物。话又说回来，埃雷拉龙有时也会沦为猎物。迄今为止，至少发现了一个埃雷拉龙化石的上面有咬痕，很可能是像蜥鳄这样的鳄鱼所留下，它是在三叠纪世界占据优势的鳄鱼近亲之一。

■ 生物档案

名称： 伊斯基瓜拉斯托埃雷拉龙

学名： *Herrerasaurus ischigualastensis*

命名年份： 1963年

时期： 晚三叠世，2亿2000万年前

地点： 阿根廷

身长： 6米

体重： 349.2千克

食物： 小型恐龙及其他脊椎动物

分类： 埃雷拉龙科

蜥鳄

晚三叠世时，世界上最可怕的掠食者不是恐龙。当时最大和最可怕的食肉动物与鳄鱼的关系比与恐龙的关系更为密切。在晚三叠世的阿根廷，这种伽利略蜥鳄是顶级掠食者。

第一个已知的蜥鳄化石于1957年在阿根廷西北部被发现。第一个发现就让人们对蜥鳄的饮食习性毋庸置疑。这是一种生活在陆地上的鳄鱼近亲，头骨又长又深，与霸王龙等肉食性恐龙相似。而这也是一种演化到可以进行毁灭性噬咬的动物。

蜥鳄并不是同类中唯一的鳄鱼表亲。它属于一类被称为披甲类（Loricata）的爬行动物，其中包括当今鳄鱼的远古祖先以及与鳄鱼亲缘关系非常接近的种类。蜥鳄是这些近亲中的一员，它是一种腿位于身体下方的捕食者，它的咬合非常有力。在某些方面，像蜥鳄这样的鳄鱼亲属开拓了顶级捕食者的生态角色，而恐龙则是后来居上。当蜥鳄用四肢行走时，它的一些亲戚能用两条腿走路，就像它们的一些恐龙邻居一样。

蜥鳄生活在点缀着蕨类植物和小片森林的古老洪泛区中，与它的邻居始盗龙和埃雷拉龙一起。这个地方是恐龙、类似猪的原始哺乳动物（被称为二齿兽类）、装甲爬行动物（被称为坚蜥类）以及类似黄鼠狼的犬齿兽类等种类动物的家园。蜥鳄是少数能够捕猎上述所有动物并以其为食的动物之一，那些被保存下来的带有牙印的骨骼化石表明它确实做到了。

生物档案

名称： 伽利略蜥鳄

学名： *Saurosuchus galilei*

命名年份： 1959年

时期： 晚三叠世，2亿2500万年前

地点： 阿根廷

身长： 6米

体重： 317.5千克

食物： 恐龙、原始哺乳动物以及其f脊椎动物

分类： 副鳄科

镰龙

很难想象出比尾钩镰龙更奇怪的爬行动物。这种三叠纪生物有像鸟一样的头骨、粗壮的身体、类似于变色龙易于抓握的四肢，还有一条长长的尾巴，且尾巴末端还有个弯曲的钩爪。

镰龙自成一类，即镰龙科，其中还包含一些类似的种类。目前还不清楚镰龙家族与哪一类爬行动物的关系最为密切。尽管如此，古生物学家还是能通过研究已知的骨架和其他骨骼来稍微了解这类不寻常的爬行动物。

镰龙栖息在树上。专家推测，这种爬行动物会用它的爪子在树干上爬来爬去，并翻起树皮来捕食下面的昆虫。尽管它有一个像变色龙一样的身体，但没有证据表明镰龙有黏稠的弹射舌头。至于为什么这类爬行动物的尾巴末端会有个钩爪也仍是个谜。一些研究人员提出，镰龙家族会使用它们的尾爪来挖掘昆虫，但目前还没有明确证据支持这一观点。因它们非常独特的面貌，古生物学家有时会称镰龙家族为"猴子蜥蜴"。

镰龙是第一个也是迄今为止人们发现的镰龙家族成员中最大的动物。第一个镰龙化石于1979年发现于意大利北部，由乔瓦尼·平纳描述并发表。但这并不是唯一能发现镰龙的地方。2016年，人们在美国的新墨西哥州发现了一个新标本，距离著名的幽灵牧场腔骨龙发掘场不远——虽然今天这两个发现地相距很远，但在晚三叠世，当大部分北部的陆块都是被称为盘古大陆的超级大陆一部分时，它们其实靠得很近。

生物档案

名称： 尾钩镰龙

学名： *Drepanosaurus unguicaudatus*

命名年份： 1979年

时期： 晚三叠世，2亿1200万年前

地点： 意大利北部以及美国西部

身长： 45.7厘米

体重： 9千克

食物： 昆虫

分类： 镰龙科

皮萨诺龙

　　试图了解恐龙的早期生活并不容易。一些早期的恐龙和恐龙近亲的化石非常罕见，古生物学家仅能从几块骨头或零散的骨骼碎片中推测。这可能导致古生物学家们对同一种动物有着不同的解释，阿根廷的皮萨诺龙就是这样。

　　皮萨诺龙的第一块骨骼于 1962 年被发现，在找到始盗龙和蜥鳄的同一地层之中。通过发现的包括头骨、脊椎、肋骨、臀部和四肢的部分，人们足以知道这种动物是科学上的新事物。但是皮萨诺龙是哪种三叠纪爬行动物呢？

　　多年来，皮萨诺龙一直被认为是一种早期的鸟臀类（ornithischian）恐龙。鸟臀类是包括角龙类、装甲类、鸭嘴龙类等在内的一个恐龙类群。按照这种观点，皮萨诺龙可能代表了最早的鸟臀类成员。但最近的研究分析开始质疑皮萨诺龙到底是不是恐龙。皮萨诺龙似乎没有任何可以将其与鸟臀类恐龙联系起来的特定特征。相反，皮萨诺龙可能是更古老的类群成员。

　　分类上，恐龙属于一个被称为恐龙型类的更广泛的爬行动物群，包括了恐龙及其近亲。最近的研究表明，皮萨诺龙属于恐龙型类，但它不是真正的恐龙，而是恐龙的近亲。这种解释对恐龙演化的研究具有重大意义。皮萨诺龙可能比恐龙更原始，并与一些最早的真正意义上的恐龙一起生活。如果真是这样，那么古生物学家将继续面临最早的鸟臀类恐龙到底是在何时、何地演化出来的谜团。有关皮萨诺龙的身份的争论将继续下去。

　　无论皮萨诺龙的分类位置如何，这种爬行动物都与始盗龙和蜥鳄生活在相同的洪泛区环境中。这是一个温暖潮湿的地方，有分明的干季和雨季。作为食植动物，皮萨诺龙可能以生长在那里的木贼和蕨类等植物为食，同时还要躲避埃雷拉龙的捕食。

● 生物档案

名称： 梅氏皮萨诺龙

学名： *Pisanosaurus mertii*

命名年份： 1967年

时期： 晚三叠世，2亿 2000万年前

地点： 阿根廷

身长： 1.1米

体重： 6.8千克

食物： 植物

分类： 恐龙型类

始奔龙

自19世纪以来，古生物学家就知道所有恐龙可以分为两个类群。一类是蜥臀类动物——包括像霸王龙这样的兽脚类恐龙和像超龙这样的蜥脚类恐龙；另一类则是鸟臀类动物，包括角龙类、装甲类和鸭嘴龙类等。这两个群体在三叠纪的某个时候互相分裂出来，古生物学家确实发现了大量的三叠纪蜥臀类恐龙，但是鸟臀类呢？最早的鸟臀类恐龙很难找到，也有可能我们已经发现了，但它们的身份存在争议，如皮萨诺龙。鸟臀类恐龙似乎一直要到早侏罗世才变得种类丰富，而娇小始奔龙则是已知早期的鸟臀类动物之一。

第一个已知的始奔龙化石于1993年发现于南非。古生物学家尚在争论这里的地层年代究竟是三叠纪的最晚期还是侏罗纪的最早期。无论是何者，始奔龙绝对是一种早期的鸟臀类恐龙，代表了一个随着时间的推移将持续变得更大、更怪异的群体的开端。

始奔龙是一种相对小型的恐龙，大约90厘米长。始奔龙是一种食植动物，它们会用短喙和简单的叶状牙齿咬住低洼处的植物，也用两条腿在古老的地球上小跑。这种恐龙的速度可能很快，因为与大腿相比，它的小腿比较长，这种比例让它每走一步都能迈得更远。始奔龙在必要时行动可能会很迅速，因此它的学名含义取自"黎明期的奔跑者"。

这种小型的食植动物并不是周边环境中唯一的恐龙。古生物学家在同一地层中还发现了许多其他恐龙，尤其是被称为蜥脚类的大型、长颈恐龙；还有其他鸟臀类动物，如畸齿龙（Heterodontosaurus）；以及小型食肉动物，如巨殁龙。所有这些恐龙都生活在一个湖泊星罗棋布、河流交织的景观中，这些水体提供了埋葬死去的恐龙并将它们变成化石所需的沉积物。

生物档案

名称： 娇小始奔龙

学名： *Eocursor parvus*

命名年份： 2007年

时期： 晚三叠世，2亿1000万年前

地点： 南非

身长： 0.9米

体重： 6.8千克

食物： 植物

分类： 鸟臀类

板龙

大多数三叠纪恐龙都很小，大约只有火鸡或大型犬那么大。蜥脚类恐龙是第一批真正变大的恐龙，其中就包括了特洛辛根板龙（以下简称板龙）。

19世纪初，在德国纽伦堡附近首次发现了板龙。而在第一次发现之后到20世纪初期，古生物学家在德国、瑞士和法国的许多不同地点发现了多个板龙化石。最棒的是位于德国萨克森－安哈尔特州的化石埋藏点，该化石点至少埋葬了39头因陷入泥坑而死亡的板龙个体。综合其他板龙发掘场和个别发现，古生物学家已经能够拼凑出板龙外貌的详细图片。

板龙是一种非常奇怪的恐龙。这类食植动物的头骨很长，长着适合啃食蕨类植物的小牙齿。它的头部位于长长的脖子顶端，而长长的脖子另一端则连接着粗壮的身体，在更后期的蜥脚类恐龙将这些特点发挥到极致。板龙本身的体形比那些后期演化出来的巨兽要小，在已发现的板龙中，最大的身长约10米，重约4吨。而且，与后期的那些蜥脚类恐龙不同，板龙用两条腿行走，前肢紧贴身体。

相较许多其他物种，板龙出色的化石记录让古生物学家更了解这种恐龙的生活。例如，板龙眼部的骨骼排列表明，这种恐龙可能在黎明和黄昏时最为活跃。对板龙如何生长的研究也表明，这种恐龙在出生后10年内生长迅速，但环境因素（如可用的食物量）会影响这种动物成年后体形的大小。

理理恩龙

　　相较于在侏罗纪和白垩纪演化出来的一些食肉的兽脚类恐龙，理氏理理恩龙的体形可能显得较小。最大的个体长约 5.2 米，体重 136 千克。这大约仅有异特龙身长的一半。尽管如此，在三叠纪时，理理恩龙仍是地球上最大的食肉恐龙。

　　第一个已知的理理恩龙遗骸是 20 世纪 30 年代在德国的蜥脚类恐龙骨骼附近发现的。事实上，在这一初步发现之后，古生物学家从板龙化石遗址中发现了更多的理理恩龙骨骼。埋葬着大型食植动物的三叠纪化石点中，往往也有破碎的食肉动物牙齿，这些食肉动物被大型食植动物的尸体吸引而来——而理理恩龙可能就是其中之一。

　　在更广泛的恐龙家族树中，理理恩龙与北美洲西部的腔骨龙有亲缘关系。但理理恩龙并不是一个苗条的小猎人。除了理理恩龙体形更庞大外，这种恐龙的某些方面暗示着食肉恐龙在侏罗纪期间不断变化。例如，就像最早的食肉恐龙一样，理理恩龙的每只前肢上有 5 根趾。然而，与早期的食肉动物不同，理理恩龙的第 4 和第 5 根趾要比其他3 根趾小得多。大多数食肉恐龙在中生代都拥有带有 3 根趾的前肢，而理理恩龙就代表了这个转变的过渡阶段。

　　理理恩龙通常被描绘成头上有一组细长的头冠的样子，就像它的近亲恶魔龙 (Zupaysaurus) 和著名的双脊龙（Dilophosaurus）一样。但我们对理理恩龙的头骨知之甚少，无法确定理理恩龙完整的头冠在生前是什么样子，但如果这种食肉动物真的也有这样的头冠，那么这个头冠也只是装饰品，而不是武器。许多食肉恐龙的头骨上都有冠、角和其他装饰物，这些可能是为了表明它们的成熟、吸引配偶或区别于其他同类。也许未来的发现会带领我们解开这个谜团。

生物档案

名称： 理氏理理恩龙

学名： *Liliensternus liliensterni*

命名年份： 1934年

时期： 晚三叠世，2亿1000万年前

地点： 德国

身长： 5.2米

体重： 136千克

食物： 小型脊椎动物

分类： 腔骨龙科

侏罗纪

2亿100万年前—1亿4500万年前

三叠纪是恐龙的关键时期。不仅第一批恐龙踏上了演化的舞台，而且恐龙迅速分裂成三大类群[1]，它们将定义接下来的1亿3500万年。但是，尽管三叠纪经常被称为"恐龙的黎明"，但它并不是由恐龙统治的时期。一直要到2亿100万年前的侏罗纪初期，恐龙才脱颖而出。这是另一场大灭绝造成的变化。

　　正如三叠纪在大灭绝之后开始一样，侏罗纪也是如此。事实上，三叠纪末期那场撼动地球生态系的灾难与前一场灾难非常相似。在称为盘古大陆的超级大陆中部，古代美洲和非洲之间有个被称为中大西洋岩浆区的区域，大量的熔岩从该处地面涌出。岩浆覆盖了超过1040万平方千米，大量的温室气体涌入大气层。世界气候迅速变化，在极端温暖和寒冷之间摇摆不定，多数生灵也都无法适应这种剧变。在海洋中，有超过23%的已知物种消失了。而在陆地上，远古鳄鱼的近亲大量灭绝。

　　但恐龙几乎毫发无损地度过了这场灾难。直到今天，古生物学家还不知道其中的原因。也许较高的体温和蓬松的绒毛帮助恐龙在其他爬行动物无法生存的地方幸存下来。无论原因为何，许多与鳄鱼有亲缘关系的生物——比如蜥鳄——都灭绝了，世界的大门向恐龙开放。

　　尽管受到压迫，恐龙在三叠纪末期已经开始多样化。有长颈、以植物为食的蜥脚类，如板龙；以及体形较小的食肉的兽脚类，如巨殁龙；而鸟臀类恐龙的祖先，装甲类、角龙类、鸭嘴龙类和其他恐龙的祖先也都出现了。在侏罗纪，这些主要的恐龙类群继续演化并分裂成新的支系。在侏罗纪时期，世界迎来了第一批真正的巨型恐龙、第一批鸟类、第一批成为顶级掠食者的恐龙、第一批披上盔甲的恐龙等。

　　世界不断地变化助长了伟大的恐龙多样化。盘古大陆正在分裂，北部大陆分裂成一个称为劳亚古陆的北部陆块和一个称为冈瓦纳古陆的南部陆块。这种缓慢的大陆分裂既分开了原先混居在一起的恐龙，也使新的恐龙种类相互接触，有助于为几乎完全没有冰盖的温暖侏罗纪世界提供稳固的背景。对于恐龙来说，侏罗纪像是一个无尽的夏天——而侏罗纪恐龙演化出来的形态则令人瞠目结舌。

1　译注：这里指蜥臀类中的兽脚类、蜥脚类，以及早期的鸟臀类。

地爪龙

　　如果说有哪一种恐龙在三叠纪时期就取得了成功，那非蜥脚类恐龙莫属。这些食植动物演化成一系列生物，通常是它们栖息地中最大的动物。也正是从这些早期的食植动物中演化出了第一批真正的巨型恐龙——蜥脚类。古生物学家一直不解的是这种演化是如何发生的，而塞氏地爪龙的发现就有助于揭开部分谜团。

　　地爪龙于 2010 年根据在南非发现的化石命名，有两具不完整的骨骼为人所知。这些化石共同代表了一种非同寻常的恐龙。例如，尽管地爪龙的头骨相对较窄，但这种恐龙的下巴没有任何迹象表明它有能够帮助将植物等食物保留在口中的脸颊。实际上，这符合古生物学家所说的大块摄食（bulk feeding），亦即它们会迅速食用大量的植物等食物。但真正让地爪龙与众不同的是它的胳膊和腿。

　　就像它的表亲板龙一样，地爪龙经常用两条腿走路。但是这种恐龙变得越来越大、越来越笨重，以至于它有时会像腕龙那样的蜥脚类恐龙一样，运用四肢行走。地爪龙似乎不是为了加速逃跑而演化，而是朝向一种更重、移动速度更缓慢的恐龙演化，这种适应演化使其亲属最终达到真正的巨型尺寸。

　　为什么蜥脚类恐龙会演化出更大的身体？这可能与其生理机能有一定的关系。较小的恐龙新陈代谢更快，同时也需要大量高能量食物，如昆虫和有营养的植物。然而，中生代生长的大部分植物是低能量的蕨类植物、苏铁和针叶树。有时慢慢移动并吃大量低能量的食物会比不断寻找高能量食物更容易积攒能量。最重要的是，食肉恐龙在地爪龙时期也开始变大，因此食植动物变大的速度越快，它们就越安全，可以凭借较大的体形免于受到血盆大口和利爪的伤害。

生物档案

名称： 塞氏地爪龙
学名： *Aardonyx celestae*
命名年份： 2010年
时期： 早侏罗世，2亿100万年前
地点： 南非
身长： 7.6米
体重： 1.8吨
食物： 植物
分类： 蜥脚类

双脊龙

毫无疑问，魏氏双脊龙这种出现在早侏罗世的兽脚类恐龙是最早成为顶级掠食者的那批食肉恐龙之一，能够以其他比自己更小的恐龙为食。尽管双脊龙不像后来出现的一些食肉动物那么大，也缺乏后期侏罗纪食肉动物令人印象深刻的咬合力，但这种双冠恐龙对于居住在古代美国亚利桑那州的沙丘和河流中的任何体形较小的物种来说，都是一个可怕的威胁。

虽然双脊龙不是第一个发表时尚宣言的恐龙，但它拥有在其家族中最令人印象深刻的头饰。这种恐龙的名字来源于从头骨顶部突出的成对薄冠。这些结构不是武器或盔甲，因为它们太薄了，经不起战斗。相反，双脊龙的头冠是社交信号，可用于指示个体的成熟度、性别或者是否可以交配。然而，就古生物学家所知，雄性和雌性双脊龙的骨骼装饰没有任何差异。由于这种恐龙两性的冠饰骨骼相同，因此若是有差异也可能是通过软组织的颜色或其他手段来表达。

双脊龙的生活并不轻松。古生物学家在卡岩塔组挖掘出许多双脊龙骨骼，那里有沙漠绿洲的痕迹——在流动的沙丘景观中，河流保持着森林湿润的生机。生物在这个充满挑战的环境中繁衍生息，从蝾螈、鲨鱼到许多恐龙如双脊龙、早期装甲类的小盾龙、以植物为食的蜥脚类莎拉龙

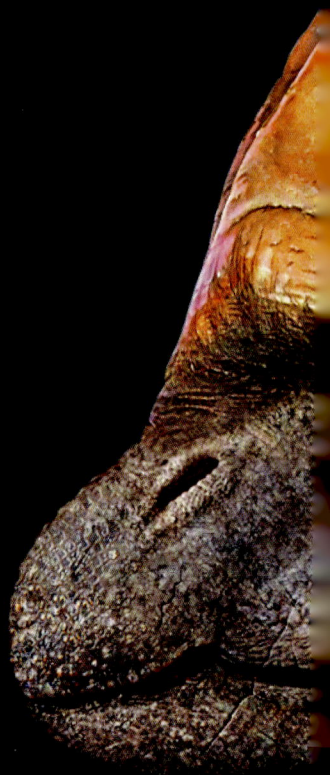

第40页图　双脊龙的头骨非常独特，它的头骨上有着一对又高又细的头冠，生前很可能覆盖了一层坚韧的角质。这些冠饰不是用于战斗，而是华丽的社交展示，标志着成熟，甚至可能暗示着该恐龙的性别。

(*Sarahsaurus*)等。双脊龙的体形大到足以以它的许多邻居为食，如其他恐龙和从河岸打捞上来的肺鱼。

自然地，双脊龙并不是从和它们体形相当的 7 米长巨蛋中孵化出来。像所有其他恐龙一样，它们小时候的体形很小。古生物学家已经发现了幼年双脊龙和成年双脊龙的骨骼，通过比较这些骨骼，专家们能够估计双脊龙的成长速度。在它们的快速生长期，年轻的双脊龙可能每年增重超过 30 千克以达到顶级掠食者的体形。

尽管一些古生物学家认为双脊龙可能是一种食腐动物，但双脊龙骨骼上的伤痕表明这种动物会捕食活的猎物。有史以来第一具被描述并发表的双脊龙骨骼至少有 8 根受伤的骨头，从骨折的肩胛骨到它下臂骨头上的一个肿瘤。虽然其中一些是疾病引起的，但在恐龙四肢上的骨折更有可能是与活的猎物搏斗时留下的。而从所有被发现的伤口都已愈合的事实表明，这只双脊龙在受伤后幸存下来并在接下来的数月甚至数年内仍继续捕猎。

第42~43页图　双脊龙是食肉恐龙中早期的顶级掠食者之一。古生物学家发现了这种兽脚类动物处于不同年龄阶段的多具骨骼，其中一些骨骼改变了专家们对恐龙冠饰外观的看法。

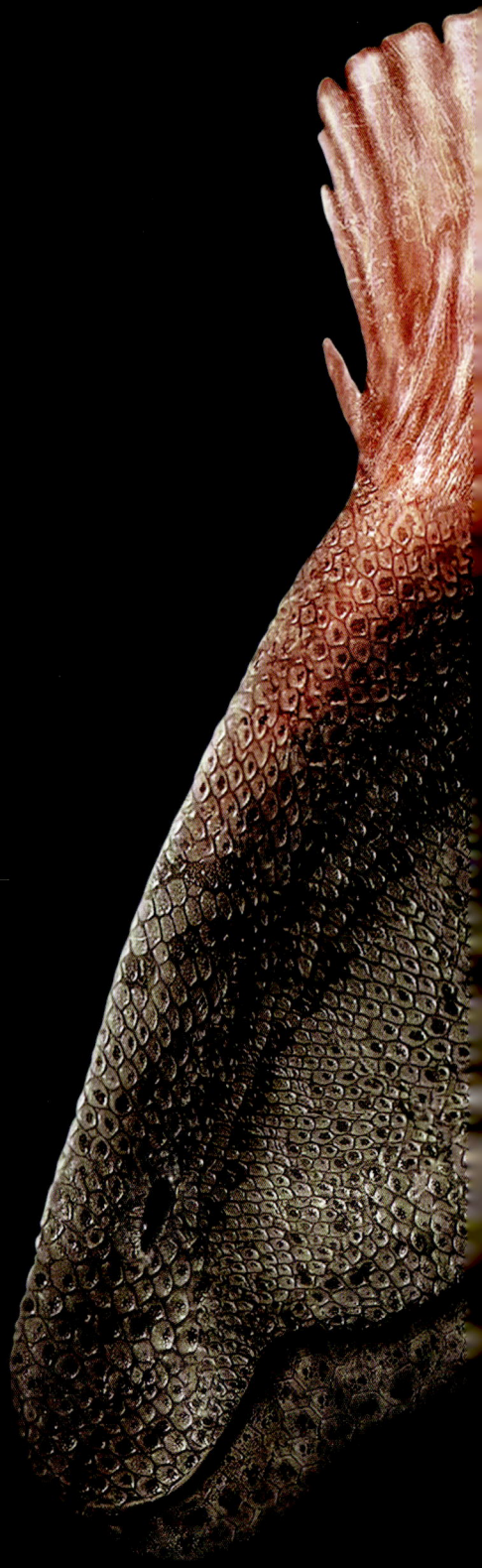

冰脊龙

恐龙在整个星球繁衍生息，也包括两极。极地的环境充满挑战，即使当时的世界比较暖，但在那里生存还是要面临数个月的黑暗。在早侏罗世的古代南极洲，古老的针叶树林中艾氏冰脊龙正虎视眈眈。

冰脊龙最初被昵称为"埃尔维斯龙[1]"（Elvisaurus），因为它头上有着蓬蓬状的冠饰，而这也是在南极洲发现的第一个主要恐龙。这个化石来之不易，不仅因为南极洲非常难以到达，突如其来的暴风雪和坚硬的冰冻岩石也都让古生物学家的工作变得困难。尽管如此，专家们已经找到了头骨、脊椎、肋骨和其他各式各样的部分，让我们能大致了解这种食肉动物的外形。

冰脊龙与亚利桑那州的双脊龙生活在同一时期，而且与其在北美洲的亲戚一样，冰脊龙最引人注目的地方是它的头冠。这种来自南极洲的恐龙的眼前有一个脊状的扇形冠。就像其他兽脚类恐龙一样，这个冠饰是一种社交信号，在恐龙还活着时会被一层坚韧的角蛋白覆盖。

尽管冰脊龙的骨骼是在南极洲发现的，但在早侏罗世，大陆上的生活和现在大不相同。在那时构成南极洲的土地更靠近当时的赤道，即使在最寒冷的月份，终年气温也不会下降到零摄氏度以下。不仅如此，冰脊龙生活在更温和的气候中，那里的针叶林高耸入云，而在那些森林里就有很多猎物。

冰脊龙作为家的栖息地居住着三叠纪遗留下来的后裔。有一些像黄鼠狼一样的小型原始哺乳动物以及大小不一的蜥脚类恐龙。其中一些，比如后来命名的冰川龙

---

1 译注：昵称取自美国著名摇滚歌手埃尔维斯·普雷斯利，外号"猫王"，1935—1977），由于冰脊龙的头冠与其招牌发型形态酷似而得名。

▌生物档案

名称： 艾氏冰脊龙

学名： *Cryolophosaurus ellioti*

命名年份： 1994年

时期： 早侏罗世，1亿9000万年前

地点： 南极洲

身长： 6.4米

体重： 435.5千克

食物： 小型脊椎动物，包括恐龙

分类： 兽脚类

（*Glacialisaurus*），体形与冰脊龙本身差不多大；而森林中也有些较小的蜥脚类动物，大小与中型犬差不多。这些恐龙，以及一些体形较大物种的幼崽，对于像冰脊龙这样大的食肉动物来说是完美的猎物。事实上，冰脊龙甚至会以自己的同类为食。在一具幼年的冰脊龙骨骼周围，就发现有破碎的成年恐龙牙齿，这表明较大的个体可能正在吃这只较年轻恐龙的尸体。

尽管古代的南极洲并不像今天这样荒凉，但它仍然是一个难以居住的地方。冰脊龙及其猎物能够生活在这个地方的事实为古生物学家提供了一些关于恐龙生物学的线索。

就像其他恐龙一样，冰脊龙能保持着温暖的体温，并且根据相关物种的发现，冰脊龙可能也长有一层绒毛以维持体温。对其他食肉恐龙的研究也表明，许多大型食肉恐龙会在晚上活动，或者至少是黎明到黄昏，所以冰脊龙的眼睛肯定也能适应黑暗。作为南极洲已知最大的早侏罗世恐龙，冰脊龙毫无疑问是那些古老森林中人们已知的最可怕生物。

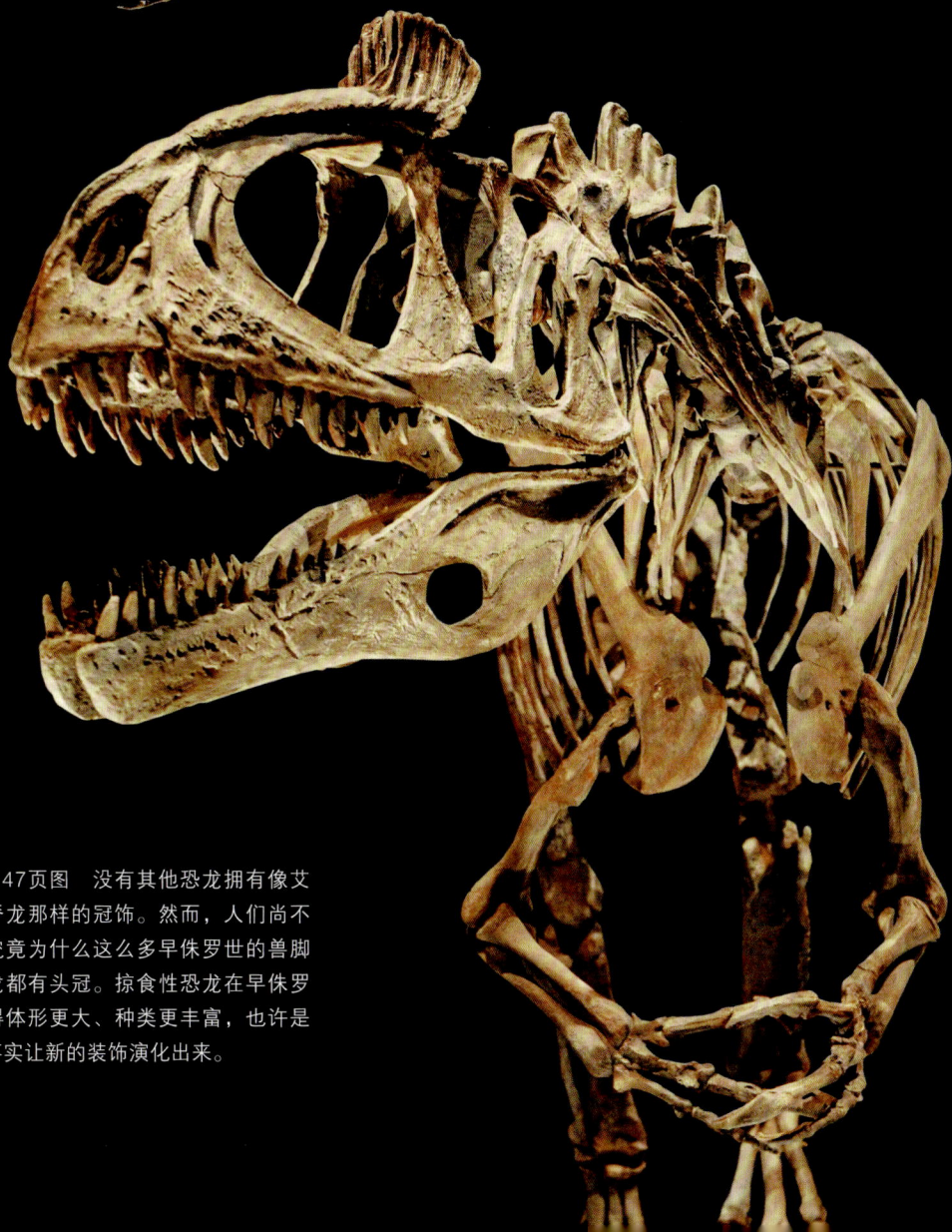

第46~47页图　没有其他恐龙拥有像艾氏冰脊龙那样的冠饰。然而，人们尚不清楚究竟为什么这么多早侏罗世的兽脚类恐龙都有头冠。掠食性恐龙在早侏罗世变得体形更大、种类更丰富，也许是这一事实让新的装饰演化出来。

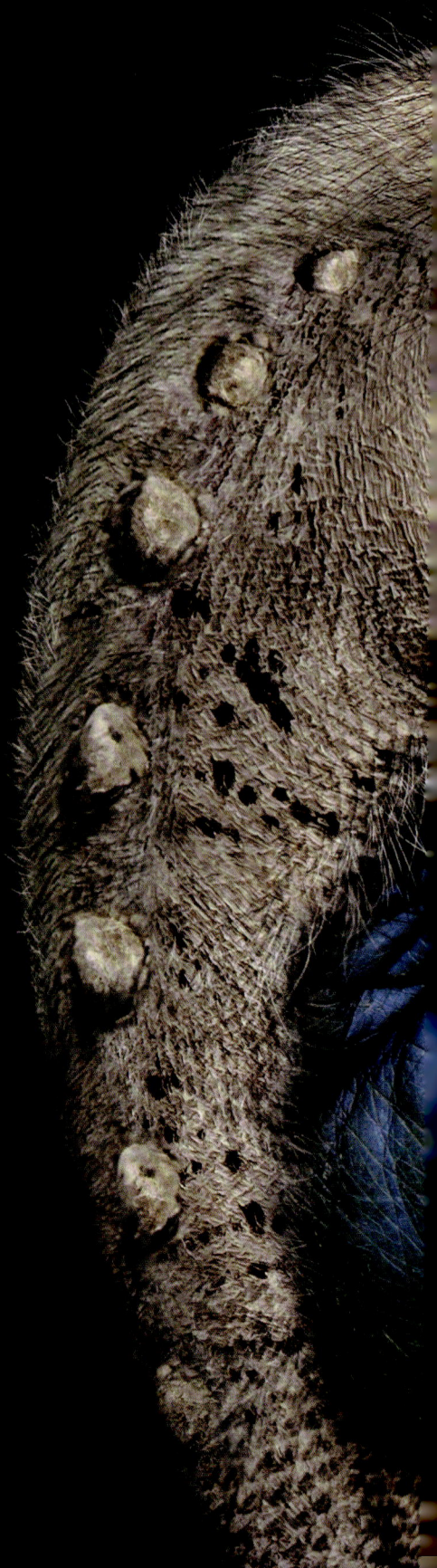

小盾龙

盾甲龙类恐龙是有史以来最独特、装饰最精美的恐龙类群之一。侏罗纪的剑龙和白垩纪的甲龙只是其中很著名的两种。而这些带有尖刺的食植动物——在分类术语上称为盾甲龙类 (thyreophorans)——的起源可以追溯到更早的早侏罗世。大约在双脊龙出没于森林的同时，体形娇小的无畏小盾龙也代表着未来巨兽出现的开端。

小盾龙的意思是"带有盾牌的小型恐龙"，可谓名副其实。这种恐龙身长仅约 1.2 米，以两条腿奔跑穿过蕨类植物覆盖的森林。让小盾龙脱颖而出的是沿其背部和侧面延伸而出的数十根小尖骨。这些中的每一块都被称为皮内成骨，也就是生长在恐龙皮肤内部的"皮骨"。虽然这些骨头点肯定也会在展示和视觉交流中发挥作用，但古生物学家推断这些骨头是最早的恐龙防御装甲的一部分。

小盾龙的祖先是与皮萨诺龙相似的早期鸟臀类恐龙。它们体形都不是很大，而且在多数情况下，它们缺乏专门的防御措施来帮助抵御与它们一起演化的食肉兽脚类恐龙。到侏罗纪初期，食肉兽脚类恐龙的体形越来越庞大，捕食者和猎物之间的这种军备竞赛般的演化可能导致了像小盾龙这样的恐龙出现。这种小型食植动物拥有盔甲，可以让腔骨龙或双脊龙等掠食者难以下口，使它们知难而退。

这件盔甲的结构可不是随意排列的。小盾龙背部的数百个皮内成骨沿着它的颈部、背部、侧面和尾巴形成长排。这样的防御似乎卓有成效，因此在整个侏罗纪时期，小盾龙的近亲身上演化出越来越多的盾甲——这些皮内成骨逐渐变成覆盖它们身体大部分的骨板和尖刺。

生物档案

名称： 无畏小盾龙

学名： *Scutellosaurus lawleri*

命名年份： 1981年

时期： 早侏罗世，1亿9600万年前

地点： 美国亚利桑那州

身长： 1.2米

体重： 9.9千克

食物： 蕨类或其他低矮的植物丛

分类： 盾甲类

萨尔特里奥猎龙

1996 年，安杰洛·扎内拉在意大利北部寻找名为菊石化石时，意外在早侏罗世海域的岩石中发现了恐龙骨骼。尽管在矿场里为了暴露出大理石层而采用的爆炸摧毁了部分化石，但仍留下的部分，已经足够让我们知道这是一个新的物种——一名为扎氏萨尔特里奥猎龙的食肉动物。

专家们从这具早侏罗世的骨骼中发现了大约 132 块骨头，包括一些指骨和下颌骨。这些碎片表明，萨尔特里奥猎龙可能属于角鼻龙类——与后来出现的、有 3 个角的角鼻龙 (Ceratosaurus) 有亲缘关系。古生物学家认为，萨尔特里奥猎龙长约 6.7 米，与早侏罗世的其他食肉动物，如双脊龙的体形相似。

在充满海洋化石的环境中发现食肉恐龙似乎有点奇怪。迄今为止，还没有非鸟类恐龙被证明生活在海洋中或在海上度过任何重要的生活时期。那么，萨尔特里奥猎龙是如何出现在海洋中的呢？基于类似的神秘化石，古生物学家总结了可能发生情形的轮廓。

萨尔特里奥猎龙可能生活在远古意大利海岸附近的某个地方。当那只恐龙死去时——可能是在河边，或者是在海滩上——它的尸体被冲到海里。随后，恐龙腐烂身躯中的气体可能使尸体漂离海岸越来越远。随后，也许它的尸体逐渐破碎脱落，又或者可能是鲨鱼等动物在上面咬了一口。无论哪种方式，都打开了一个足够大的洞来释放气体，于是恐龙开始下沉到它将被埋葬的地方——远离它在陆地上的自然家园。这奇妙的命运转机，让这种恐龙的化石得以被保存下来。

这种命运巧合可一不可再，古生物学家不太可能在古代海洋沉积的岩石中找到更多的萨尔特里奥猎龙化石。但在被称为穆尔特拉肖组的另一组岩石中，古生物学家发现了来自陆地环境的植物化石。或许，在这些岩石中，古生物学家将能够找到更多关于萨尔特里奥猎龙长相的线索。

单脊龙

　　尽管发现新的恐龙速度很快，几乎每两周就有一个新种的恐龙被命名，但古生物学家仍对中生代的许多时间段和地点知之甚少。中侏罗世就是其中之一。专家们已经在早侏罗世和晚期发现了大量的恐龙记录，但在中侏罗世则没有那么多。这就是让将军庙单脊龙如此特别的部分原因。

　　1993年古生物学家在中国新疆发现了单脊龙。除了作为中侏罗世恐龙的重要性之外，单脊龙还具有近乎完整的骨架。这种恐龙最显著的特征是它的鼻子上有一个凸起的脊。在活着时，成年单脊龙体长可达7.3米左右——与双脊龙和冰脊龙等其他早侏罗世及中期的食肉动物体形相当。

　　单脊龙发现于中国西北部的准噶尔盆地，与其他各种恐龙一起生活，其中有预示着晚侏罗世将要进化出的真正巨兽，包括苏氏巧龙 (*Bellusaurus sui*)，这是一种早期的蜥脚类恐龙，牙齿呈勺状，脖子很长，用两条腿走路[1]。迄今为止发现的巧龙化石以蜥脚类恐龙的标准来说都相对较小，只有大约4.8米长，体形与大型鹿相当，因此这种食植动物很可能是单脊龙偏爱的食物。13.1米长的戈壁克拉美丽龙 (*Klamelisaurus gobiensis*) 是另一种蜥脚类恐龙，捕猎起来要困难得多，但即使是这种令人印象深刻的恐龙也必须花费很多年才能长成大体形，因此在刚孵化的阶段还是容易受到攻击的。

　　尽管第一具骨骼很完整，但古生物学家仍不确定单脊龙与其他兽脚类恐龙之间的关系。这种恐龙究竟该被放置在兽脚类家族树的哪个位置，目前还没有达成共识，可能需要更多来自早侏罗世和中期的化石才能确定。但毋庸置疑地，这种食肉动物在它的时期肯定是个令其他动物闻风丧胆的狠角色。

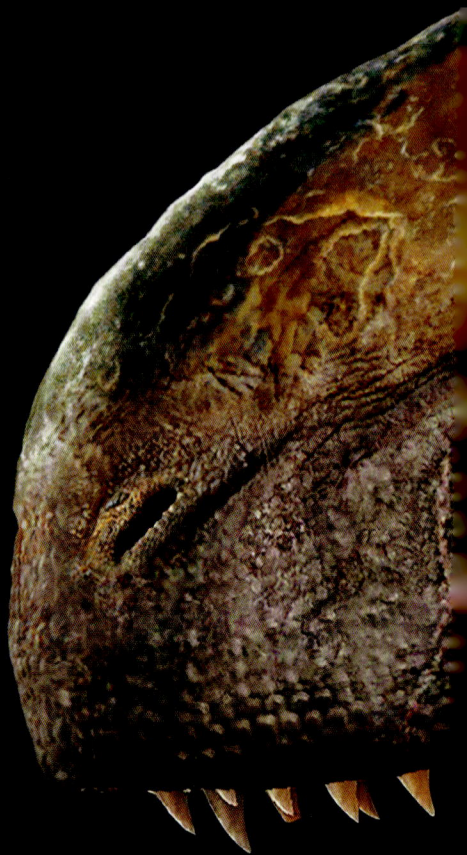

1　译注：虽然体形娇小，但多数研究仍比较支持苏氏巧龙为四足行走的动物。

2　译注：或按学名直译为江氏单脊龙。最初的研究是和外国团队协同进行，由于沟通上的误会，命名时外国学者误以为"将"军庙（地名）是纪念"江"姓历史人物的地点，因此在种名冠上了"江氏"。

● 生物档案

名称： 将军庙单脊龙[2]

学名： *Monolophosaurus jiangi*

命名年份： 1993年

时期： 中侏罗世，1亿6300万年前

地点： 中国

身长： 7.3米

体重： 453.5千克

食物： 小型恐龙及其他脊椎动物

分类： 兽脚类

角鼻龙

鼻角角鼻龙是在 19 世纪时发现的奇怪的恐龙之一。第一具几乎完整的骨骼是在美国科罗拉多州的公园里被发现的，包括一个头骨，在鼻子上有一个角，且每只眼睛上也都有一个角——从发现以来超过一个世纪，这种晚侏罗世生物外貌的古怪程度都没有其他恐龙能出其右。

角鼻龙是在北美西部莫里森组发现的众多恐龙之一。这个古老的环境也是剑龙和迷惑龙等著名物种的栖息地，在高耸的针叶树和蕨类植物之间形成了蜿蜒的河流景观。就像今天的北美洲西部一样，莫里森组也有着干湿分明的季节性环境。

虽然角鼻龙不是莫里森组中最大的食肉动物，但它仍然是顶级掠食者。橡树龙等体形较小、相对较无防御能力的恐龙或是生活在湖泊和溪流旁的肺鱼等，可能都是角鼻龙青睐的猎物。不过角鼻龙并不是其栖息地中最大的捕食者。大型异特龙和蛮龙的身长可达近 12 米，大约是它的两倍，并且在许多方面都更胜角鼻龙一筹。

与同时期的其他食肉动物相比，角鼻龙算得上非常奇怪。除了这种恐龙独特的角外，角鼻龙还有非常小的手臂、很大的肩胛骨、嵌在背部的骨质盔甲，以及更适合行走而不是跑步的腿。一些研究人员推测，也许角鼻龙更加关注栖息在水域附近的小型猎物，而不是试图与大型食肉动物竞争。角鼻龙化石比异特龙化石更为稀有，但古生物学家不确定原因，或许角鼻龙的稀有性意味着这种恐龙与更大的竞争对手相比，更喜欢不同的猎物。

就像其他有装饰的恐龙一样，角鼻龙的角不是用来攻击或防御的。这些骨头轻而易碎，表明这些结构只是社会信号。在恐龙活着时，角蛋白覆盖物会使这些角更加显眼，这意味着角鼻龙在侏罗纪景观中也是十分出众的。

● 生物档案

名称： 鼻角角鼻龙

学名： *Ceratosaurus nasicornis*

命名年份： 1884年

时期： 晚侏罗世，1亿5000万年前

地点： 美国科罗拉多州、怀俄明州、犹他州

身长： 7米

体重： 680.3千克

食物： 包括恐龙在内等小型脊椎动物

分类： 角鼻龙科

异特龙

生物档案

名称： 脆弱异特龙

学名： *Allosaurus fragilis*

命名年份： 1877年

时期： 晚侏罗世，1亿5000万年前

地点： 北美洲西部

身长： 10.6米

体重： 2721.5千克

食物： 其他恐龙，尤其是蜥脚类

分类： 异特龙科

如果你置身于晚侏罗世北美洲广阔、蕨类植物覆盖的洪泛区，你很可能会看到脆弱异特龙。这种巨大的食肉动物可以长到超过 10.6 米，是整个莫里森地层中数量第二多的恐龙，也是迄今为止古生物学家在晚侏罗世的岩石中所发现数量最多的捕食者。尽管这个侏罗纪猎手不如后来的霸王龙出名，但古生物学家发现了更为广泛的异特龙记录。

异特龙的意思是"异常独特的恐龙"，这可能不是最令人印象深刻的名字，但在当时是有道理的。第一批异特龙化石是在 19 世纪的"化石战争"期间被描述研究的，当时古生物学家爱德华·柯普和奥斯尼尔·马什激烈竞争命名新的恐龙——通常来自不完整的化石，有的甚至只有牙齿。第

一个脆弱异特龙的化石标本包括了来自几个个体的零散骨架。虽然这已经足够让马什知道这是一种新恐龙，但在当时除此之外别无他物。

自 1877 年以来，后续的发现极大地丰富了人们对这种恐龙的认知。古生物学家发现了完整的骨骼、筑巢地，甚至还有一个包含数十只异特龙骨头的大型墓场。美国犹他州东部的克利夫兰劳埃德恐龙采石场拥有至少 48 只异特龙的遗骸，且还有更多仍保存在岩石中。即使与其他食肉恐龙相比，异特龙也是有史以来最成功的掠食者之一。

第58~59页图　古生物学家至少命名了3种异特龙，其中詹氏异特龙是最古老的。詹氏异特龙发现于莫里森组较低的位置，其特点是额角大，外形比后来的脆弱异特龙更圆滑。

虽然异特龙外观不像角鼻龙那样华丽，体形也不像生活在相同栖息地上的蛮龙那么大，但它还是很容易被辨认的。这种恐龙每个前肢上有3根利爪，每只眼睛前面有两个尖角。与所有恐龙一样，异特龙也是从小小的蛋孵化而出，但它的身长通常可达7.6米，一些长寿的个体甚至可达12.1米。它们的嘴巴上长着向后弯曲的锯齿状牙齿，这些牙齿在恐龙的一生中不断更换。脆弱异特龙并不是唯一已知的异特龙种类。大约同一时期，在史前的葡萄牙，还生活着另一种类似的欧洲异特龙（*Allosaurus europaeus*）。脆弱异特龙的祖先可能是最近才被命名的詹氏异特龙

（Allosaurus jimmadseni）。这只较早的异特龙外貌更圆滑，也没有那么大，头骨更窄。这表明，随着时间的推移，异特龙的头骨越来越大并因此获得更强的咬合力，在捕食它最喜欢的年轻蜥脚类恐龙猎物（如圆顶龙和梁龙）时非常有利。尽管它的血盆大口很可怕，但异特龙并不是一台强力碎骨机。取而代之的是，古生物学家发现异特龙的下颚可以张得特别大——高达 90 度，并能使用强大的颈部肌肉来驱动它们的咬合。这可能是一种类似斧头劈砍的动作，可以从大型蜥脚类恐龙的尸体上咬下大块的肉，或者捕食圆顶龙等恐龙的幼崽，毕竟这些恐龙幼崽需要数年才能长大到足以避免成为猎物。

第60页图　虽然异特龙的手臂相对较短，但这种恐龙仍然有大而弯曲的爪子。这样的爪子可能是用来捕捉猎物的，但也有可能用来在交配过程中固定姿势。

第60~61页图　脆弱异特龙是当时最多产的捕食者，也是莫里森组中第二常见的恐龙。在一些化石点，如克利夫兰劳埃德恐龙采石场，保存着埋在同一个地方的多只异特龙的骨头。

蛮龙

晚侏罗世的世界充满了巨大的食肉动物。在北美洲西部的洪泛区，异特龙数量众多，而角鼻龙也穿梭在针叶林中。但它们都不是生态系统中最大的掠食者，这个头衔当属于谭氏蛮龙，这是一种体形可与后来的霸王龙相媲美的食肉动物。

蛮龙是一个相对较新的发现。这种恐龙显然非常稀有，直到20世纪下半叶人们才发现了它的能够被仔细观察的化石。1972年，薇薇安·琼斯在美国科罗拉多州东北部发现了一只食肉恐龙的巨大拇指爪。这激起了古生物学家的兴趣，并很快地在同一采石场发现了蛮龙的部分骨架，该采石场还发现有巨大的蜥脚类恐龙超龙的骨头。在美国的犹他州、科罗拉多州和怀俄明州等地的其他发现都增加了更多关于这种食肉动物的信息。

除了比异特龙和角鼻龙大之外，霸王龙的手上还有巨大的爪子和长而低的头骨，口中还有长长的刀状牙齿。恐龙的整体外观让古生物学家相信蛮龙是一种专业的猎杀好手，专注于袭击莫里森组生态系统中那些最大的猎物。大型蛮龙的食谱比同时期的任何其他食肉动物都要广。

蛮龙和其他大型食肉动物之间存在差异是有道理的，生态学家称这种现象为"生态位划分"。代表在同一时期，同一栖息地的相似动物会表现出不同的行为，或者可能以不同的食物为食，以减少竞争来共存。而话又说回来，最大的蜥脚类恐龙甚至比最大的蛮龙还要大得多。但是，如果在这片土地上有这么多重达数吨的食植动物，那就会有足够多的幼年食植动物和成年食植动物的尸体，它们是以让这3种大型食肉动物都能够找到充足的食物。尽管蛮龙是最大的，但数量要比异特龙要稀有得多。虽然目前已知有数百具异特龙骨骼，但已发现的蛮龙骨骼却寥寥无几。这是另一个生态学概念，叫作"物种均匀度"，代表生物体在其环境中的普遍程度。

尽管蛮龙化石非常罕见，但葡萄牙的古生物学家却发现了一种最抢手的恐龙化石——里面有胚胎的蛋。 谭氏蛮

生物档案

名称： 谭氏蛮龙

学名： *Torvosaurus tanneri*

命名年份： 1979年

时期： 晚侏罗世，1亿5000万年前

地点： 美国西部

身长： 10.9米

体重： 3.6吨

食物： 其他恐龙

分类： 巨齿龙科

龙也生活在葡萄牙[1]，除了骨头外，古生物学家还发现了成窝的蛋，里面有微小的胚胎骨头。这些至今仍然是已知最古老的食肉恐龙蛋，这些蛋的结构表明兽脚类恐龙蛋中的胚胎和外界之间只有一层蛋壳。而当前的任务是要在大西洋两岸寻找幼年蛮龙化石，看看这种恐龙是如何长大的。这是一项极具挑战性的任务，因为大多数恐龙在第一年都活不下来，而古生物学家发现了更充分的证据表明食肉兽脚类恐龙并不忌讳同类相食。因此对于饥饿的成年蛮龙来说，幼龙只是另一种肉食来源。

---

1 译注：此处应为原作者笔误，葡萄牙发现的种类是格氏蛮龙（*Torvosaurus gurneyi*）。

橡树龙

　　并非所有的晚侏罗世恐龙都是庞然巨物。在剑龙和异特龙的阴影下，也生活着较小的恐龙，如高橡树龙。

　　在活着时，橡树龙几乎就像侏罗纪的鹿。从鼻子到尾巴，这只恐龙身长约3米，重约81.6千克。橡树龙既没有锋利的爪子，也没有装甲板或当时其他恐龙共有的华丽特征。相反地，这种食草动物用喙咬住蕨类植物和苏铁等低洼植物，然后用它们的叶形牙齿将这些侏罗纪蔬菜切成薄片。

　　第一个被描述的橡树龙化石于1876年被发现于美国怀俄明州的莫里森组。在接下来的几年里，人们在美国的犹他州和科罗拉多州相继发现了更多的橡树龙化石。其中一个化石点于1972年被发现，包括多只不同年龄阶段——从胚胎到成年的橡树龙。古生物学家推测，这个地方是橡树龙的筑巢地，而同时发现成年恐龙、蛋和幼年恐龙在一起表明这些相对无防御能力的恐龙很可能生活在一起并会照顾它们的幼崽。就像今天的许多脊椎动物一样，幼年的橡树龙非常可爱，不仅出生时体形很小，并且有大大的眼睛、短短的口鼻部。

　　与当时的食肉恐龙相比，橡树龙的一大优势是速度。恐龙腿部的比例通常能让古生物学家大致了解恐龙的移动速度，古生物学家认为股骨（或称大腿骨）短而小腿骨长的恐龙可能跑得很快。如像剑龙这样的股骨长而小腿骨短的恐龙，可能跑得不是很快；而如橡树龙，其小腿和脚的修长骨头都表明了这种小型食植动物是个飞毛腿——这样在追逐中就可以快速逃离类似角鼻龙这样的猎手的虎口。

● 生物档案

名称： 高橡树龙

学名： *Dryosaurus altus*

命名年份： 1894年

时期： 晚侏罗世，1亿5000万年前

地点： 美国西部

身长： 3米

体重： 81.6千克

食物： 蕨类等低洼植物

分类： 橡树龙科

第64页图　小型恐龙化石很难找到，但目前已经有多个高橡树龙的标本，包括完整的头骨，图片中的是在美国犹他州恐龙国家纪念碑发现的标本。古生物学家在与橡树龙亲缘关系接近的恐龙身上发现了羽毛状的身体覆盖物，因此橡树龙很可能也有羽毛。

腕龙

几乎没有恐龙比高胸腕龙还高。这种蜥脚类恐龙因其柱状前肢的长度而被命名为"腕部恐龙"，它能伸入高耸的树木中啃食其他食植动物可望而不可即的针叶树枝。

1903年在美国科罗拉多州西部人们发现了古生物学家所知的第一批腕龙化石。据说它被发现时是当时已知最大的恐龙，原始化石仅包括少数这种巨兽的骨头，包括一根前肢的骨头、部分腿骨、几块脊椎和几根肋骨。尽管如此，这些碎片也足以让我们知道腕龙有别于当时所发现的其他蜥脚类恐龙。

从那以后，古生物学家发现了更多的骨头——包括部分头骨，但腕龙仍是一种非常罕见的恐龙，专家们至今还在等待发现更完整的骨架。同时，专家们已经转向其他亲缘关系相近的恐龙来填补一些空白，如在坦桑尼亚发现的一种恐龙——长颈巨龙 (*Giraffatitan*) 曾被认为是腕龙的一个物种，它的骨骼至今仍偶尔会被拿来填补缺失的腕龙模型。

腕龙是一种蜥脚类恐龙，在晚侏罗世的莫里森组环境中，从其邻居中脱颖而出。腕龙的长臂将它的胸部和颈部抬到更高的位置。这种恐龙也被认为拥有宽阔的勺形牙齿，并且可能以高处的针叶树为食，以避免与圆顶龙和迷惑龙等其他矮小的食植动物发生竞争。

腕龙的心脏必须将血液泵到脖子的高处，这需要巨大的心脏和相当于长颈鹿两倍的血压。为了解决这个问题，腕龙和类似的恐龙会更频繁地左右移动头部，而不是上下移动。这使得腕龙能够原地站立就吃到宽阔范围的植物，待所及之处的植物被吃完之后才走远继续吃下一顿饭。

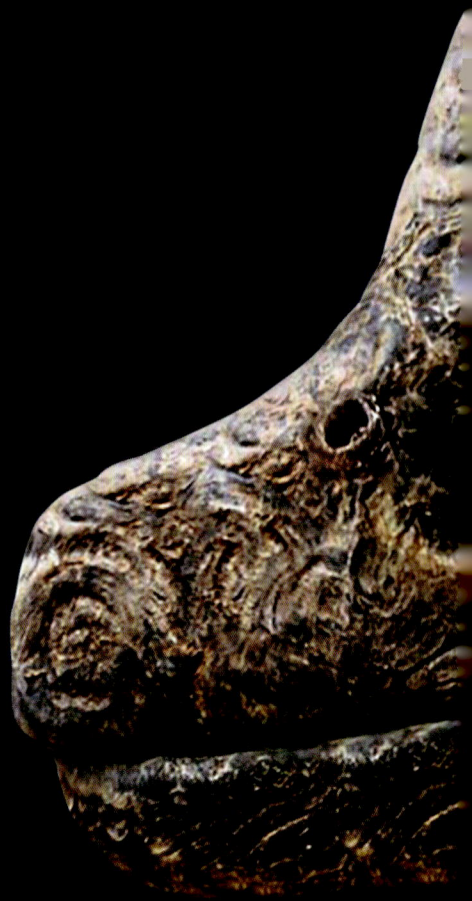

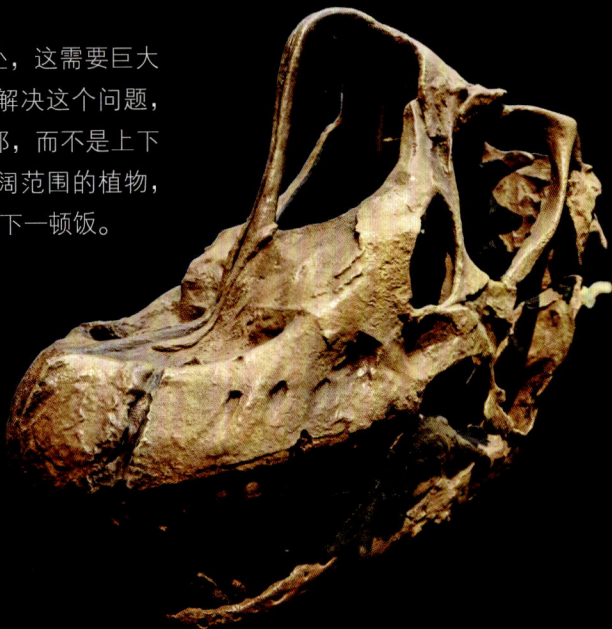

生物档案

名称： 高胸腕龙

学名： *Brachiosaurus altithorax*

命名年份： 1903年

时期： 晚侏罗世，1亿5000万年前

地点： 美国西部

身长： 19.8米

体重： 45.3吨

食物： 针叶树及其他植物

分类： 腕龙科

第66页图　迄今为止，还没有人发现完整的高胸腕龙头骨。这种标志性恐龙的大部分复原模型都是基于长颈巨龙的头骨，这是一种在坦桑尼亚发现的高胸腕龙的近亲。未来的新发现也许会改变我们对腕龙的看法。

弯龙

如果你将剑龙身上标志性的骨板和尖刺移除，这个新的生物看起来与全异弯龙非常相似。作为莫里森组生态系统中的众多食植动物之一，弯龙是一种中等体形的素食者，这常会让古生物学家思考这种生物究竟如何在异特龙等贪婪的食肉动物肆虐的环境中存活下来。

与许多经典的莫里森组恐龙一样，弯龙是在 19 世纪后期首次被发现并命名的。第一块骨头于 1879 年在美国怀俄明州被发现，最初被命名为"弯背龙"（*Camptonotus*），因为这种恐龙似乎有一个可弯曲的背部。但有时古生物学家

会不小心选到其他动物已经使用过的名字。例如，"弯背龙"的 *Camptonotus* 就已经被用于一种蟋蟀，因此这种恐龙被重新命名为弯龙。

弯龙是一种食植动物，可以用剪刀般的牙齿切开蕨类植物和苏铁植物，且它的体形中等，生活在莫里森组的森林和洪泛区中。成年的弯龙长约 7.9 米，重约半吨，比橡树龙等小型恐龙大得多，但比腕龙等其他巨型恐龙小得多。此外，弯龙的行动速度也不是特别快。根据古生物学家估计，这种恐龙的奔跑速度约为每小时24 千米。

　　或许弯龙并不需要庞大或精致的盔甲。在它所生活的莫里森组环境中，还有许多不同的食植恐龙，它们都会产下大量的恐龙蛋。即便像圆顶龙这样的蜥脚类恐龙，也有体形娇小的幼年时期，掠食者可以专挑这些猎物攻击。弯龙或许不是最大、最快或最多刺的，但在这充满丰富猎物的环境中，弯龙肯定不是最容易被捕食的猎物。

生物档案

名称： 全异弯龙

学名： *Camptosaurus dispar*

命名年份： 1885年

时期： 晚侏罗世，1亿5000万年前

地点： 美国西部

身长： 7.9米

体重： 453.5千克

食物： 蕨类或其他低洼植物

分类： 弯龙科

超龙

在一个充满巨兽的世界里，薇薇安超龙可能是其中最为体形庞大的。这种长颈的食植恐龙于 1985 年被命名，身长约 39.6 米，重约 36.2 吨，体形是一般成年异特龙的 4 倍之多。即使也有其他恐龙被称为"迄今为止发现的最大恐龙"，但目前为止超龙是唯一名副其实的。

在恐龙家族树中，超龙是一种蜥脚类动物，属于一个叫作梁龙科（diplodocids）的亚群。这些恐龙——包括梁龙和雷龙等其他巨型恐龙——在晚侏罗世繁衍生息，是莫里森组生态系统的重要组成部分。长着长长的脖子和鞭子般的尾巴，这些恐龙在蕨类植物的汪洋中进食，并且可以高高地抬起头在树上吃叶子，整个家族都是恐龙界的园丁。

与体形较重的雷龙相比，超龙的体形相对较轻，更类似于细长的梁龙。对于一只 39.6 米的恐龙来说，超龙仍属于轻量级。这种恐龙的脊椎和其他骨骼里面都充满了气孔，这些气孔相互连接，构成了复杂的气囊系统，是呼吸系统的重要部分。气囊系统可以使得超龙骨骼中空而轻盈，同时又可以帮助恐龙更高效地呼吸。高效的呼吸可以让超龙更高效地利用能量（呼吸过程就是一个吸入氧气，新陈代谢的过程），还能协助恐龙散热，使其保持凉爽。

第一块超龙的骨头是在科罗拉多州的采石场发现的，与发现蛮龙的地点相同。此后又发现了其他标本，包括怀俄明州的一具绰号为"金博"的部分骨骼。然而，要找到一具完整的超龙骨骼将是一项艰巨的任务。这种恐龙不仅稀有，而且成年恐龙的体形庞大，需要极为大量的沉积物才能在食腐动物吃掉尸体前迅速覆盖它们的尸体。基本上大多化石只会在恐龙变得太大以前形成，过大体形的恐龙可能没有太多机会成为化石。

● 生物档案

名称： 薇薇安超龙

学名： *Supersaurus vivianae*

命名年份： 1985年

时期： 晚侏罗世，1亿5000万年前

地点： 美国西部

身长： 39.6米

体重： 36.2吨

食物： 蕨类或其他植物

分类： 梁龙科

迈摩尔甲龙

梅斯氏迈摩尔甲龙的发现震惊了古生物学家。一个多世纪以来，带着尖刺尾巴的剑龙被认为是莫里森组中唯一的盾甲类恐龙。然而迈摩尔甲龙的发现改变了这一认知。这不仅是来自莫里森组的另一只盾甲类恐龙，更是目前已知的早期甲龙类之一。

尽管像小盾龙这样的恐龙表明盾甲类恐龙在早侏罗世就演化出来了，但已发现的侏罗纪大多数盾甲类恐龙都是剑龙类。这些带有尖刺的恐龙，包括剑龙本身，遍布于世界各地；而带有厚重铠甲的甲龙类似乎只是在剑龙灭绝后才出现。迈摩尔甲龙的发现表明甲龙类在侏罗纪期间一直与剑龙类共同演化，只是过去古生物学家一直没发现它们。

与一些后期的甲龙类成员不同，迈摩尔甲龙的尾巴上没有骨锤，体形也没有特别大。成年恐龙的身长只有约 3 米，与橡树龙的身长大致相同。尽管如此，迈摩尔甲龙的背部和侧面仍然覆盖着构成其防护铠甲的尖锐的皮内成骨。大而扁平的尖刺在它的肩膀附近伸出，成列的凸出盾牌点缀在恐龙的背部，这对当时大型食肉动物无疑是一种威慑。

精致的护身铠甲让迈摩尔甲龙的生活节奏变慢了。虽然一些食植恐龙躲避食肉动物的方法是长成巨大体形或者快速逃跑，但迈摩尔甲龙是一种移动缓慢的恐龙，并且它们的身体紧贴地面。盾甲保护它的背部和侧翼，让这种恐龙能够在进食蕨类植物和其他柔软的植物时，不用担心遭到突袭。

但迈摩尔甲龙的骨质层不仅仅用于防御。每种不同的甲龙类恐龙都有其独特的盾饰图案，其中一些盾饰看起来较长或有些错位，代表这不仅是作为护身铠甲。一身的铠甲除了提供保护外，可能还会充当社交信号，甚至让某些迈摩尔甲龙看起来对另一些迈摩尔甲龙更有吸引力。

▎生物档案

名称：梅斯氏迈摩尔甲龙

学名：*Mymoorapelta maysi*

命名年份：1994年

时期：晚侏罗世，1亿5000万年前

地点：美国西部

身长：3米

体重：453.5千克

食物：蕨类以及其他植物

分类：结节龙科

白垩纪

1亿4500万年前—6600万年前

侏罗纪是恐龙自成一派的时期，它们在这一时期繁衍成为陆地上最大、最奇特、数量最多的脊椎动物群体。恐龙时期的最后一幕，也是最为壮观的一幕。不断变化的气候、迁移的大陆和其他自然力量导致了一些最令人印象深刻的恐龙出现。

　　与三叠纪和侏罗纪不同，白垩纪并不是以大灭绝开场的。侏罗纪末期存在的许多恐龙类群的化石也存在于来自早白垩世的岩石中。但随着世界大陆继续漂移，恐龙开始以惊人且崭新的方式演化。如鸭嘴龙类等全新的家族开始出现；而如暴龙类等一些以前就存在的恐龙，则走出阴影，在世界生态系统中发挥更重要的作用。到晚白垩世，地球上的恐龙群落与以前的恐龙已经大相径庭。

　　如果你能从太空俯瞰白垩纪世界，你会觉得此时地球看起来比盘古大陆时期更加熟悉一些。北美洲和欧亚大陆正在彼此分离，西欧的大部分地区形成了突出海面的岛屿链，而巨大的西部内陆海洋将北美洲一分为二。南美洲和非洲也渐行渐远，南极洲也向南极移动。印度岛和马达加斯加相互分离，随着印度岛逐渐向北移动，最终在恐龙时期结束后与亚洲相撞。到白垩纪末期，全球气候开始变冷，两极的冰盖范围扩大导致海平面下降，但与我们今天生活的世界相比，它仍然是一个更加温暖的世界。

　　一块 11 千米宽的地外岩石撞击古老的尤卡坦半岛[1]，立即引发了世界第五次生物大灭绝，白垩纪轰然结束。虽然非鸟类恐龙和其他生命形式——如会飞的翼龙、有螺壳的菊石等的消亡原因曾引起激烈争论，但现在人们普遍认为小行星撞击就是主要原因。在 24 小时内，碎片因撞击产生的冲击力而飞向空中，再落回地球，摩擦力如此之大，以至于产生了红外脉冲。气温达到 260 摄氏度以上，足以导致一些森林自燃。唯一能够生存的生物是那些可以在地下洞穴或水下避难的生物。在接下来的 3 年里，岩石因撞击而被粉碎，其中的一些化合物被释放出来，引发了一个寒冷的冬天。在高温中幸存下来的生物不得不与寒冷做斗争。许多生命形式——从蕨类植物到我们早期的灵长类动物祖先生存了下来，但有喙的鸟类是唯一从这次大灭绝中幸存下来的恐龙。

1　译注：位于现今中美洲北部，墨西哥的东南部。

在所有演化出来的恐龙中，没有哪一种能像暴龙家族那样引起我们丰富的想象。霸王龙是古生物学领域的"大使"、电影明星和灭绝的象征，并且是当时地球上最大的食肉恐龙。但是暴龙家族的故事早在霸王龙或它的那些嗜杀、碎骨成性的亲戚出现之前就开始了。从全貌来看，暴龙家族曾有如丧家之犬般的过往。

古生物学家现在知道，最早的暴龙类可以追溯到1亿6500万年前的侏罗纪时期，它们是白垩纪繁盛的暴龙家族的远祖。它们不是顶级掠食者，甚至看起来都不像它们后来的、体形巨大的那些亲戚。早期的暴龙类大约只有一只大狗那么大，全身覆盖着细丝状的绒毛，前肢长着三指，并且通常有夸张的头饰，这与双脊龙或单脊龙相似。但它们仍然具有暴龙家族的一些特征，例如，古生物学家发现，暴龙家族的一个显著特征就是它们的牙齿横截面呈"D"形。这个特征结合其他细微的骨骼线索，都能帮助古生物学家追踪这种暴君崛起的源头。

在侏罗纪时期，还没有巨型的暴龙类成员。目前所有已知的侏罗纪时期的暴龙种类体形都很小。有些种类，如克里夫兰史托龙（Stokesosaurus clevelandi）就生活在多种大型食肉恐龙环伺的环境中。最早的暴龙类会寻找小型猎物并避免自己成为大型食肉动物的食物。据古生物学家所知，第一批大型暴龙类一直要到大约1亿2500万年前才演化出来——如9.1米长的华丽羽暴龙（Yutyrannus huali）就是最早达到顶级捕食者地位的暴龙类之一。然而，即便如此，像来自北美洲西部的无畏厄兆龙（Moros intrepidus）这类的小型暴龙类依旧生活在异特龙类等巨大生物的阴影之下。

但后来发生了一些变化。大约在9000万年前—8000万年前，暴龙家族成员的体形开始变大。来自北美洲西南部的统治者力怖龙（Dynamoterror dynastes）和西南风血王龙（Lythronax argestes）等发现表明，这一时期暴龙科（tyrannosaurids）出现了——这是一个更具体的分类，包括那些我们更为熟悉的成员，那些体形庞大、双指、能轻易粉碎骨头的暴龙家族成员。这些早期的巨兽演化出平衡蛇发女怪龙（Gorgosaurus libratus）和强健惧龙（Daspletosaurus torosus）等物种，更不用说过去10年间所发现的暴龙科新物种了。

古生物学家仍然不知道是什么让暴龙科发动了巨变。关键的化石来自白垩纪鲜为人知的时期，有更多线索尚待人们去发现。一种可能性是，异特龙的近亲——鲨齿龙类——在北部大陆灭绝或变得更加稀有，这为暴龙科的出现提供了机会。鲨齿龙类继续在史前南美洲和非洲繁衍生息，但在暴龙科出现的地方却没落消失，这一事实可能表明这两个恐龙家族之间的交互关系至关重要。暴龙类可能并不是凭实力爬到顶端的，而是幸运的继承者。

原角鼻龙

有时恐龙的名字并不能说明该动物的全部家世背景。在 1910 年命名布氏原角鼻龙时，该恐龙被认为是晚侏罗世的角鼻龙的近亲。这种恐龙的标本仅有一个在英国发现的头骨，透过头骨得知它的鼻子上显然有某种角或其他装饰，因此这种联系似乎是有道理的。过了整整一个世纪，古生物学家才终于意识到原角鼻龙到底是什么恐龙——已知最早的暴龙类成员之一。

独特的恐龙群体的早期成员往往看起来与其更有名的后代非常不同。原角鼻龙的体形很小，但尽管如此，其牙齿的横截面呈 D 字形，就像许多晚期的暴龙科成员一样。

到目前为止，还没有人发现其他的原角鼻龙化石。不过，通过参考与其亲缘关系接近的物种，古生物学家认为这种恐龙是一种小型、轻型的捕食者，会追逐小型猎物。原角鼻龙锋利、弯曲的牙齿可以让这种恐龙采用"穿刺拉"策略进食，即这种食肉动物咬入猎物后，使用强大的颈部肌肉将其下颚向后拉并咬下一口。晚期的暴龙类也会对更大的猎物使用相同的策略。

原角鼻龙的头冠长什么样子也是一个谜，因为已知唯一一个头骨化石大部分的隆起部位都被折断了。不过，原角鼻龙的冠饰似乎不是鼻子上的小角，而是在鼻子和眼睛之间的一个单一的细脊，看起来与来自中国的近亲冠龙相似。也许未来一些幸运的化石猎人会发现另一个更完整的化石，进而填补这些解剖学上的空白。

■ 生物档案

名称： 布氏原角鼻龙

学名： *Proceratosaurus bradleyi*

命名年份： 1910年

时期： 中侏罗世，1亿6700万年前

地点： 英国

身长： 3米

体重： 45.3千克

食物： 蜥蜴、哺乳类等小型脊椎动物

分类： 原角鼻龙科

冠龙

五彩冠龙看起来并不像我们所想象的暴龙类。这只仅有 3 米长的恐龙身材轻盈，每只前肢上有三指，鼻子上有一个精致的冠饰，但外表可能会骗人。古生物学家发现，冠龙是已知最早的暴龙类成员之一——这种食肉动物的牙齿形状和其他特征线索表明，冠龙是霸王龙这类毁灭性动物在侏罗纪的近亲。

冠龙的学名 *Guanlong* 来自汉语拼音，意思为"有头冠的龙"，这是对化石发现地准噶尔地区的致敬[1]。事实上，古生物学家有幸在同一个化石埋藏点发现了两具不同的冠龙骨骼。关于这种恐龙如何被困在那里的一个假设是，大型蜥脚类恐龙（如马门溪龙）的脚印形成了泥坑，这些泥坑变成了深渊泥淖，一些较小的恐龙会被困在那里，其中一具冠龙骸骨显示似乎曾被踩踏，而另一具骸骨显示这只冠龙正在挣扎着试图从泥潭中脱身。

通过研究冠龙化石的骨组织显微结构，古生物学家确定这件标本的死亡年龄为 12 岁；第二具骨骼则来自一只大约 6 岁、即将成年的恐龙。拥有两具不同年龄的冠龙骨骼，让古生物学家得以辨别这种恐龙在成长过程中发生了怎样的变化。像冠龙这种早期的暴龙类，发育早期的头冠就只在鼻子上，这表明完整的冠会随着个体成熟而发展，对其他冠龙也可能是一种社交信号。

冠龙的解剖结构帮助古生物学家深入认识原角鼻龙等近亲恐龙。同样地，其他早期暴龙类标本也加深了专家们对冠龙的看法。另一种早期的暴龙类——帝龙就有一层毛茸茸的原始羽毛，因此专家推测冠龙可能也有。也就是说暴龙家族在开始阶段是又小又毛茸茸的。

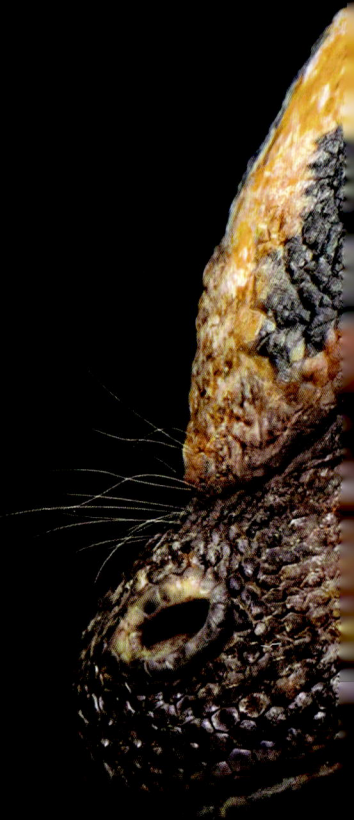

1　译注：此处为原作者混淆，冠龙顾名思义就是取自头部上有冠的特征，种名的"五彩"才是对发现地点新疆五彩湾的致敬。

生物档案

名称： 五彩冠龙

学名： *Guanlong wucaii*

命名年份： 2006年

时期： 晚侏罗世，1亿6000万年前

地点： 中国

身长： 3米

体重： 90.7千克

食物： 蜥蜴、哺乳类等小型脊椎动物

分类： 原角鼻龙科

帝龙

暴龙家族在其早期历史阶段的大部分时间里都很小，而奇异帝龙是其中最小的恐龙之一。成年的帝龙身长约1.5米，只有著名的霸王龙身长的1/8。尽管如此，这种恐龙在古生物学家了解暴龙家族是如何演化的过程中发挥了非常重要的作用。2004年，当这种恐龙被命名时，它是第一个被发现有原始羽毛的暴龙类。

尽管古生物学家注意到鸟类与非鸟类恐龙之间有着密切关系这一点已有半个多世纪，但直到21世纪，羽毛及其前身的直接化石证据才开始出现。中国的辽宁省对这一认知的转变尤为重要，许多新的长有羽毛的恐龙都来自该地区。帝龙就是其中之一，这表明不仅那些最接近鸟类的恐龙才拥有原始羽毛。

帝龙身上覆盖着毛茸茸的外皮，但这与许多现代鸟类的羽毛不太一样。取而代之的是，帝龙的羽毛更像毛发——简单且毛茸茸，没有精致的结构。古生物学家还发现了帝龙身上的皮肤印记，显示出非鸟类恐龙常见的简单、卵石状的鳞片。这意味着帝龙既有羽毛又有鳞片，这种组合帮助这种恐龙保持温暖。

与一些更早期的暴龙类不同，帝龙没有精致的头冠。这种恐龙长而低的头骨远不如冠龙的华丽，但帝龙头骨的完美保存也让古生物学家得以近距离观察它的大脑长什么样。嗅球是大脑的一部分，对检测气味至关重要，晚期的暴龙类的嗅球通常非常大。然而，在帝龙中，大脑中专门负责嗅觉的部分却较小，这表明这种恐龙的嗅觉并不那么敏锐。这对于主要可能捕食蜥蜴、蛇和其他小型猎物的这种小型恐龙来说是合理的。

生物档案

名称： 奇异帝龙

学名： *Dilong paradoxus*

命名年份： 2004年

时期： 早白垩世，1亿2500万年前

地点： 中国

身长： 1.5米

体重： 45.3千克

食物： 蜥蜴等小型脊椎动物

分类： 暴龙科

虔州龙

生物档案

名称： 中华虔州龙

学名： *Qianzhousaurus sinensis*

命名年份： 2014年

时期： 晚白垩世，7200万年前

地点： 中国

身长： 6.4米

体重： 725.7千克

食物： 小型恐龙及其他脊椎动物

分类： 暴龙科

通常，暴龙家族的历史被描绘成体形、力量（包括咬合力量）不断增加的故事。一些最晚期的暴龙类是所有家族成员中体形最大、最令人闻风丧胆的，比它们在侏罗纪或早白垩世的同类都要大得多。但中华虔州龙提醒我们，并非所有的暴龙类都遵循相同的演化路线。大约7200万年前，当其他暴龙类都变得大型时，虔州龙开创了一种跟踪小型猎物的中型食肉动物的生活。

第一个已知的虔州龙化石是在中国南部的赣州发现的。这个部分骨骼化石包含部分脊椎、臀部和四肢，此外还有一个几乎完整的头骨。

尽管这种恐龙的所有牙齿在死亡和被埋藏时都脱落了，但古生物学家仍然可以仔细研究这种恐龙，并且发现它们似乎和当时分布在亚洲和北美洲的大体形亲戚很不一样。

古生物学家之前就发现过这样的暴龙类，它是来自蒙古的分支龙（*Alioramus*）。但分支龙在多数时候似乎只完成了一种一次性的演化，变得与体形更大的暴龙科动物截然不同。但虔州龙的发现表明，分支龙并不孤单，中型暴龙类与更著名的巨型种类并肩生活。然而，这些较小的暴龙类究竟是如何能够在较大的暴龙类成为顶级掠食者的环境之中依旧保持它们的狩

猎活动的，确切的原因尚不清楚。

　　虔州龙似乎缺乏大型暴龙类的极端咬合力，这不仅仅是尺寸问题，也是解剖学问题。能够咬碎骨骼的霸王龙的头骨结构是向后展开的，以便为更多的下颌肌肉留出更大的空间；相比之下，虔州龙的头骨左右两侧呈流线型，这表明这种食肉动物专注于较小的食物。这可能是这些较小的晚白垩世暴龙类避免与其体形较大的亲属竞争的一种表现。

艾伯塔龙

大约 8000 万年前，暴龙家族的演化以前所未有的方式开始了。到了晚白垩世，亚洲和北美洲的暴龙家族都摇身变成了能撕碎肉片的巨兽。对古生物学家来说幸运的是，这些暴君中的部分种类已被找到了大量的化石，这些化石让古生物学家们能够从生物学层面深入研究这些特殊恐龙。食肉艾伯塔龙就拥有 30 多个个体标本，它是令人印象深刻的暴君恐龙之一。

艾伯塔龙于 1905 年被命名，记录在命名霸王龙的同一篇论文中。但艾伯塔龙生活在比霸王龙早数百万年前的时期，而且只在加拿大艾伯塔省被发现过。在这种恐龙被命名后仅仅 5 年，古生物学家就在红鹿河沿岸一个叫作干岛的地方发现了一个巨大的艾伯塔龙骨层[1]。该化石点已经找到了数十只动物化石，其中就包括了 1000 多块艾伯塔龙骨骼。

艾伯塔龙与霸王龙有很多共同点。两者都有短小的双指手和相对较深的头骨，能够发出毁灭性的嗜咬。但艾伯塔龙总体上是一种比霸王龙更矮更轻的动物，还可以通过每只眼睛前面突出的小角来区分。

艾伯塔龙并非一出生就以 10 米长的顶级掠食者之姿开始生活。根据骨骼结构和体形的比较，古生物学家确定艾伯塔龙在大约 12 岁到 16 岁时才经历快速生长期，在此期间，青春期恐龙每年会增重超过 90 千克。其他大型暴龙类也都遵循类似的模式，其年轻时会捕捉小型猎物，直到它们迅速长大到足以开始在晚白垩世加拿大艾伯塔省的沼泽泛滥平原中捕食鸭嘴龙类和其他猎物。

古生物学家对艾伯塔龙的生活还有很多疑问。虽然从加拿大的萨斯喀彻温省到美国的犹他州都可以找到晚期暴龙类的化石，但艾伯塔龙只在加拿大艾伯塔省被发现过。这可能是生物学家所说的地方特色的标志。大约在 8000 万年前—7000 万年前的艾伯塔龙时期，有许多大型暴龙类生活在不同的纬度——从阿拉斯加州到新墨西哥州，不过在艾伯塔省发现的食肉动物却与北部或南部的种类不同。一些古生物学家认为这里可能存在着自然屏障——如古老的河流

---

1 译注：指发现丰富化石的地层。

生物档案

名称： 食肉艾伯塔龙

学名： *Albertosaurus sarcophagus*

命名年份： 1905年

时期： 晚白垩世，7000万年前

地点： 加拿大艾伯塔省

身长： 10米

体重： 2.2吨

食物： 其他恐龙

分类： 暴龙科

系统或植被的变化隔离了不同的栖息地并允许不同的暴龙家族种类演化出来，但实际情况仍无法确定。

专家们还想知道艾伯塔龙是否生活在社会群体中。例如，干岛的骨层有时被解释为一个群体甚至是社会群体的象征，而最近发现的几组暴龙类足迹也靠得很近，支持了这一论点。但情况并没有那么简单。十几只或更多的成年艾伯塔龙对于食肉动物的群体来说是非常庞大的，并且对于这种多数个体的死亡组合也还有其他解释——例如这些恐龙是因食物或交配时节而聚集，但干涸的水坑或突发的灾难结束了

一切。这些暴龙类仍有可能拥有复杂的社会生活，但更加直接的证据尚未被找到。

古生物学家还在争论艾伯塔龙是否有原始羽毛。目前已知它们有皮肤印痕，但许多恐龙也都同时长有鳞状皮肤和简单的羽毛。如帝龙等早期的暴龙类就有毛茸茸的外皮；但一些专家认为，如果艾伯塔龙身上覆盖着保温的羽毛，它们就会过热。不过古生物学对这种恐龙的外观认识正逐年清晰，也许记录艾伯塔龙真实面貌的关键化石快要被发现了。

特暴龙

1946 年，在蒙古国和苏联科学家联合考察戈壁沙漠期间，古生物学家发现了一个巨大的食肉恐龙的部分头骨。从牙齿的大小到恐龙眼睛和鼻子上粗糙的装饰物，一眼就能看出这只食肉动物是一种巨大的暴龙类，与北美洲发现的霸王龙非常相似。这个化石连同在同一次发掘活动中发现的其他几个化石，成为了鉴定最大也是最后的暴龙家族成员——勇士特暴龙——的基础。

成年特暴龙可以长到约 10.6 米以及 3.6 吨重，特暴龙的体形仅次于霸王龙。事实上，有研究人员提出，特暴龙只是霸王龙的另一种。但是，尽管迄今为止发现的 30 多只特暴龙个体和霸王龙之间存在一些密切的相似之处，但两者之间的差异仍足以将它们区分开来。特暴龙在亚洲的生存时间比霸王龙早几百万年，而且体形也不像它的生活在北美洲的著名的食肉亲戚那么笨重。

在特暴龙还活着的时候，蒙古国境内遍布蜿蜒的河道、泥滩和古老森林旁的湖泊。就像其他一些著名的化石环境（如晚侏罗世莫里森组），特暴龙居住的栖息地似乎也有明显的干湿季节，这决定了一年中的潮起潮落，恐龙就在此繁衍生息。盾甲类的甲龙家族、貌似鹦鹉的窃蛋龙家族、长颈蜥脚类恐龙和鸭嘴龙类等都生活在这里，其中许多动物都可能是特暴龙的猎物。此处甚至还有另一种较小的暴龙类——分支龙，它是虔州龙的近亲。

生物档案

名称： 勇士特暴龙

学名： *Tarbosaurus bataar*

命名年份： 1955年

时期： 晚白垩世，7000万年前

地点： 蒙古国

身长： 10.6米

体重： 3.6吨

食物： 其他恐龙

分类： 暴龙亚科

第90~91页图 勇士特暴龙是霸王龙的近亲，但它们之间存在一些关键差异。特暴龙的体形更轻、头骨更窄，但这种恐龙又大又厚的牙齿表明它能够咬碎骨头。

鸭嘴龙类的栉龙 (*Saurolophus*) 可能是特暴龙非常喜欢的菜肴。至少有一具与特暴龙生活在同一环境中的鸭嘴龙类骨骼被发现带有大型暴龙类留下的咬痕。据古生物学家推测，应该是这只暴龙类发现了尚未被掩埋的栉龙尸体——食腐是大型食肉动物的一种常见策略，代表幸运地得到了一顿免费的大餐。不过特暴龙当然也会捕杀猎物，但腐肉对于能够分解尸体的食肉动物来说也总算是一种恩赐。在特暴龙的牙齿中发现的地球化学物质痕迹也表明，这种恐龙更喜欢大型猎物，如栉龙和长颈的蜥脚类恐龙。

　　特暴龙的外貌如何还要取决于未来的发现。尽管目前已经发现了恐龙的脚印和皮肤印痕，但这些化石中最具信息量的化石在进行研究之前就被盗猎者破坏了。有传言说，至少有一个化石显示这种恐龙脖子上有一个大的、有鳞的喉囊。如果过去确实发现过这种精美的化石，未来还有可能再度发现。

霸王龙

没有哪一种恐龙能像霸王龙那样具有标志性。自从这个"暴君之王"于 1905 年首次被研究描述以来，这种恐龙一直被吹捧为已知最大、最凶猛的食肉恐龙。迄今为止，至少发现了 50 具部分或接近完整的霸王龙骨骼。这种恐龙是最为著名且研究最为广泛的恐龙。

霸王龙从身长约 0.9 米的幼龙开始，可以长成 12.1 米长、重 8.1 吨的巨兽。事实上，就像其他大型暴龙类一样，它们在 13 岁左右会经历青春期的快速生长，从相对较小的小型猎物杀手变成了能够粉碎骨头的顶级掠食者。如果不是因为受伤、疾病或其他原因倒下，成年霸王龙可以活到 30 岁左右。

虽然早期的暴龙类物种通常出现在相对受限的区域，但霸王龙却在北美洲西部大片区域横行无阻。从加拿大的萨斯喀彻温省到美国的犹他州，甚至可能南至新墨西哥州，都发现了霸王龙的化石。在这些曾经有许多不同暴龙家族成员的环境中，到了白垩纪末期只有霸王龙这一种恐龙称霸。

生物档案

名称： 霸王龙

学名： *Tyrannosaurus rex*

命名年份： 1905年

时期： 晚白垩世，6800万年前—6600万年前

地点： 北美洲西部

身长： 12.1米

体重： 8.1吨

食物： 其他恐龙

分类： 暴龙亚科

第92页图　霸王龙的手爪相对较钝，甚至比异特龙等食肉动物的手爪更直。连同这种恐龙的短小手臂，暗示霸王龙并没有用它们的手臂及爪子来捕捉猎物——手臂可能根本没有任何用处。

第94~95页图　霸王龙的手臂很短小，而且爪子不像其他食肉动物那样弯。霸王龙又大又重的头是它捕捉和吃掉猎物的主要工具，也许因为它们不需要抓住挣扎的猎物，霸王龙的手臂演化仍很小。

第96~97页及第98~99页图　霸王龙的头骨极具特色。随着霸王龙的演化，它的咬合力也越来越强，它们的头骨后部变宽以容纳更多肌肉。这也将眼窝从鼻子的中轴线演变到更远的位置，使这种恐龙能够向前看并更准确地测量距离。

霸王龙的成长模式或许可以解释这种差异。幼年和成年的霸王龙如此不同，以至于它们的行为几乎就像不同的物种。这是一种被称为生态位划分的现象，最常见于两个具有不同的食物或行为偏好的物种，因此它们可以在同一栖息地中共存。然而，对于霸王龙而言，这种生态位划分的情况发生在这个物种之内，幼年和成年有着不同的生态位，这也是霸王龙从食肉恐龙中脱颖而出的原因之一。

霸王龙既是活跃的捕食者，也是技艺高超的食腐动物。鸭嘴龙类的埃德蒙顿龙（*Edmontosaurus*）骨骼上愈合的咬痕表明，霸王龙会追逐活的猎物，也似乎更喜欢从背后发起伏击。同时，也有多种化石显示出其食腐的证据——如留在三角龙旁边的骨盆到其他霸王龙骨骼上的痕迹。凭借令人难以置信的生长速度和庞大的身体所提供的能量，只要在有肉的地方霸王龙都畅行无阻。

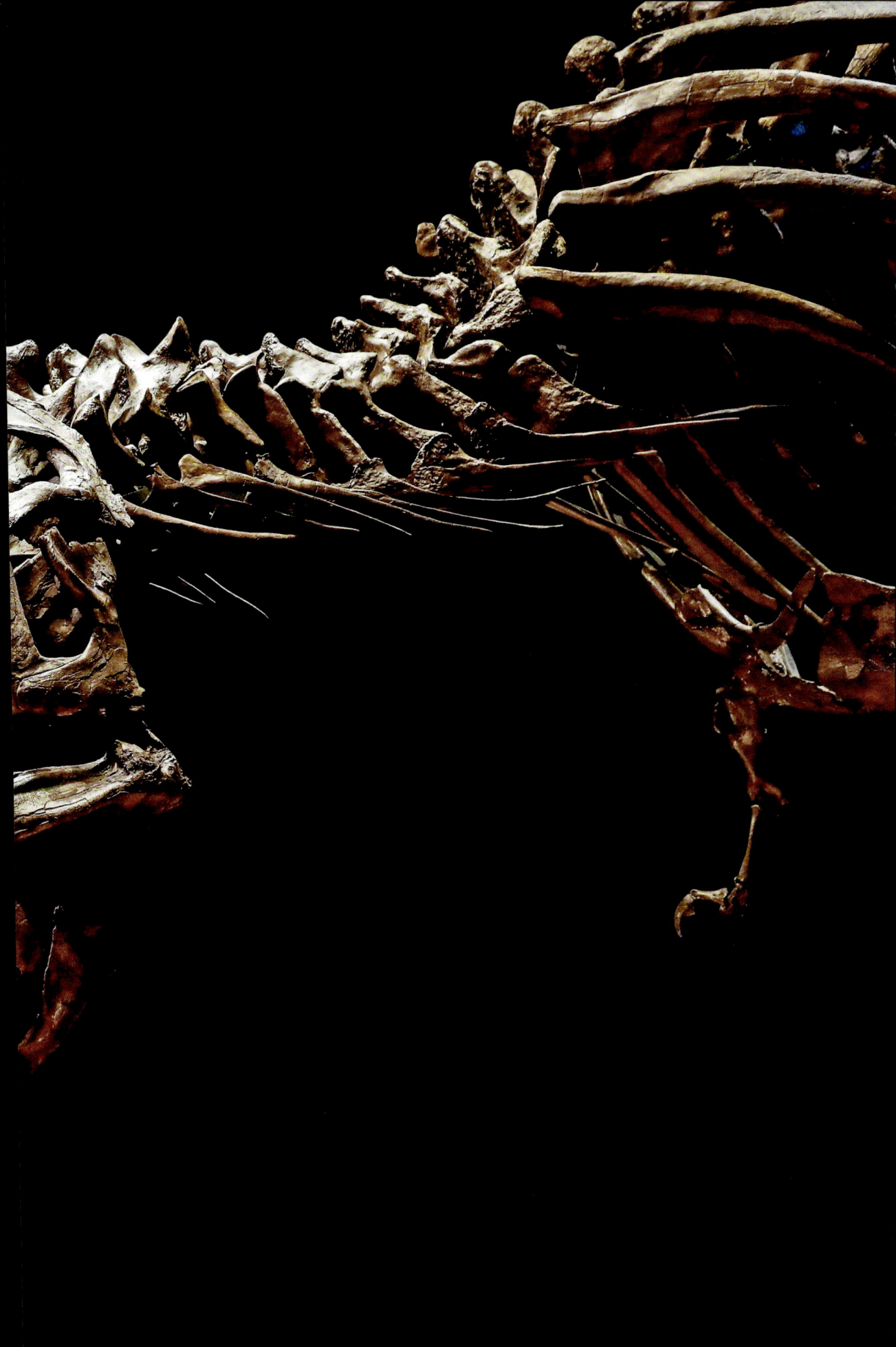

白垩纪的食植恐龙

从一开始，食植恐龙就在中生代的生态系统中发挥了关键作用。毕竟，如果没有充斥在三叠纪、侏罗纪和白垩纪时期那些奇异多样的食植恐龙，那些有着血盆大口的食肉动物就不可能存在或演化出来。但一直要到伟大恐龙传奇的第三章，食植恐龙才真正演化成各种前所未见的不同形式——其中有些种类是曾经食肉物种的后代，而此时它们已转向以树叶、蕨类植物和水果为食。

　　几乎所有食肉恐龙都属于兽脚类恐龙，而食植恐龙却出现在恐龙大家族的各个分支中。实际上，和最初观点不一样的是，一些兽脚类恐龙也变成了食植恐龙。由于植物总是要比需要捕猎的猎物更丰富，因此食植恐龙总是会一次又一次地演化出来。

　　白垩纪出现了数量最多的食植恐龙群体。即使是起源于侏罗纪的恐龙家族——如有盾甲的甲龙类和长角的角龙类——在白垩纪时期也变得更大、更多样化。一些经典的食植动物仍在四处游荡，比如长颈的蜥脚类，但在某些地方，这些食植动物被取代了。例如，在北美洲，蜥脚类恐龙在这块大陆上灭绝，取而代之的是角龙类、盾甲类和鸭嘴龙类 [至少直到阿拉莫龙 (*Alamosaurus*) 等巨型蜥脚类恐龙在这一时期的最后回归为止，它们确实了无踪迹]。有大有小、有毛茸茸的和有鳞片的，白垩纪的世界到处都充斥着奇妙的树叶爱好者。

　　食植恐龙也不只是强化版的割草机，这些恐龙当中的许多种类身体上都有复杂而精致的装饰物，从似鸟龙的扇形前肢羽毛、三角龙的尖刺角到赖氏龙的中空头冠。这些奇异的特征是同一物种成员之间的交流信号，对于经常群居或成群生活的恐龙来说，这是有用的指示信号。

　　当然，大自然并不像我们的分类标签那样一目了然。有时古生物学家很难界定杂食性和食植恐龙——因为肠道内容物的化石非常罕见。而且，即使在今天，鹿或河马等动物有时也会吃肉。但在本节中介绍的恐龙，它们都被贴上了食植动物的标签，因为它们都具备吃植物的适应性特征——即使它们还是有可能偶尔吃蜥蜴，甚至偶尔也吃一些肉。没有牙齿的喙、用于发酵坚硬植物的庞大内脏以及其他证据（如充满植物成分的粪便化石），任何这些特征都有助于将这些恐龙中鉴定为食植动物，它们吃的植物很可能远多于肉。

鹦鹉嘴龙

"角龙类"一词通常会让人联想到巨大的、长有鳞片的食植动物，它们身上装饰着令人印象深刻的角——如三角龙、戟龙（Styracosaurus）和牛角龙（Torosaurus）等恐龙。但角龙家族在其早期历史的大部分时间里体形都很小。而在那些早期的小型角龙中，很少会有种类像蒙古鹦鹉嘴龙那样，能如此严重地影响我们对角龙类的看法。

目前可能有多达十几种已知的鹦鹉嘴龙种类，它们在角和头骨形状上都有细微的差别。但标志性的鹦鹉嘴龙则是来自戈壁沙漠的蒙古鹦鹉嘴龙，它是第一个被命名的，也许也是最著名的鹦鹉嘴龙。

古生物学家所知的第一批鹦鹉嘴龙化石来自美国自然历史博物馆在 20 世纪 20 年代领导的蒙古探险队。探险队的司机王某发现了一个不知名恐龙的部分骨架和完整的头骨，这只恐龙四四方方的头骨前部有个像鹦鹉一样的喙，这就是这种恐龙得名的依据，代表"如鹦鹉般的恐龙"。

鹦鹉嘴龙各个种类地的分布地理和时间范围令人印象深刻。许多恐龙都仅从单个骨骼中的部分骨头或是多个可以分为同一类的骨头中被得知。但是在 1 亿 2600 万年前—1 亿 100 万年前的蒙古国和中国各地，生活着许多不同种类的鹦鹉嘴龙，其中一些还留下了非常完整的骨骼。事实上，一些鹦鹉嘴龙的保存甚至完好到我们可以知道它们是什么颜色。

在中国发现的一个编号为 SMF R 4970 的特殊鹦鹉嘴龙化石为古生物学家提供了难以置信的信息。除了完整的关联骨架外，这个化石还包括大量的皮肤印痕，甚至还有鬃毛状的羽毛。

在 20 世纪 90 年代末，古生物学家开始报道更多的恐龙拥有保存完好的羽毛和类似羽毛的结构。其中大部分是与最早的鸟类或多或少有亲缘关系的兽脚类恐龙，这也是比较合理的。多年来，专家们一直推测有些非鸟类兽脚类应该也长有羽毛，化石的发现证实了他们的预测。随后出现了一只长着鬃毛的鹦鹉嘴龙，毛发像鹅毛杆一样的结构，在解剖学上与羽毛基本相似，但鹦鹉嘴龙与鸟类的关系在恐龙家族中非常遥远。这一发现带来了一个有趣的可能性——羽毛状的身体覆盖物存在于最早的恐龙中并被更多的物种继承下来，又或者羽毛状结构不止演化出一次。无论哪种方式，恐龙可能比过去人们预期的更加蓬松、毛茸茸。

生物档案

名称： 蒙古鹦鹉嘴龙

学名： *Psittacosaurus mongoliensis*

命名年份： 1923年

时期： 早白垩世，1亿100万年前

地点： 蒙古国

身长： 1.9米

体重： 19.9千克

食物： 蕨类或相近的植物

分类： 角龙类

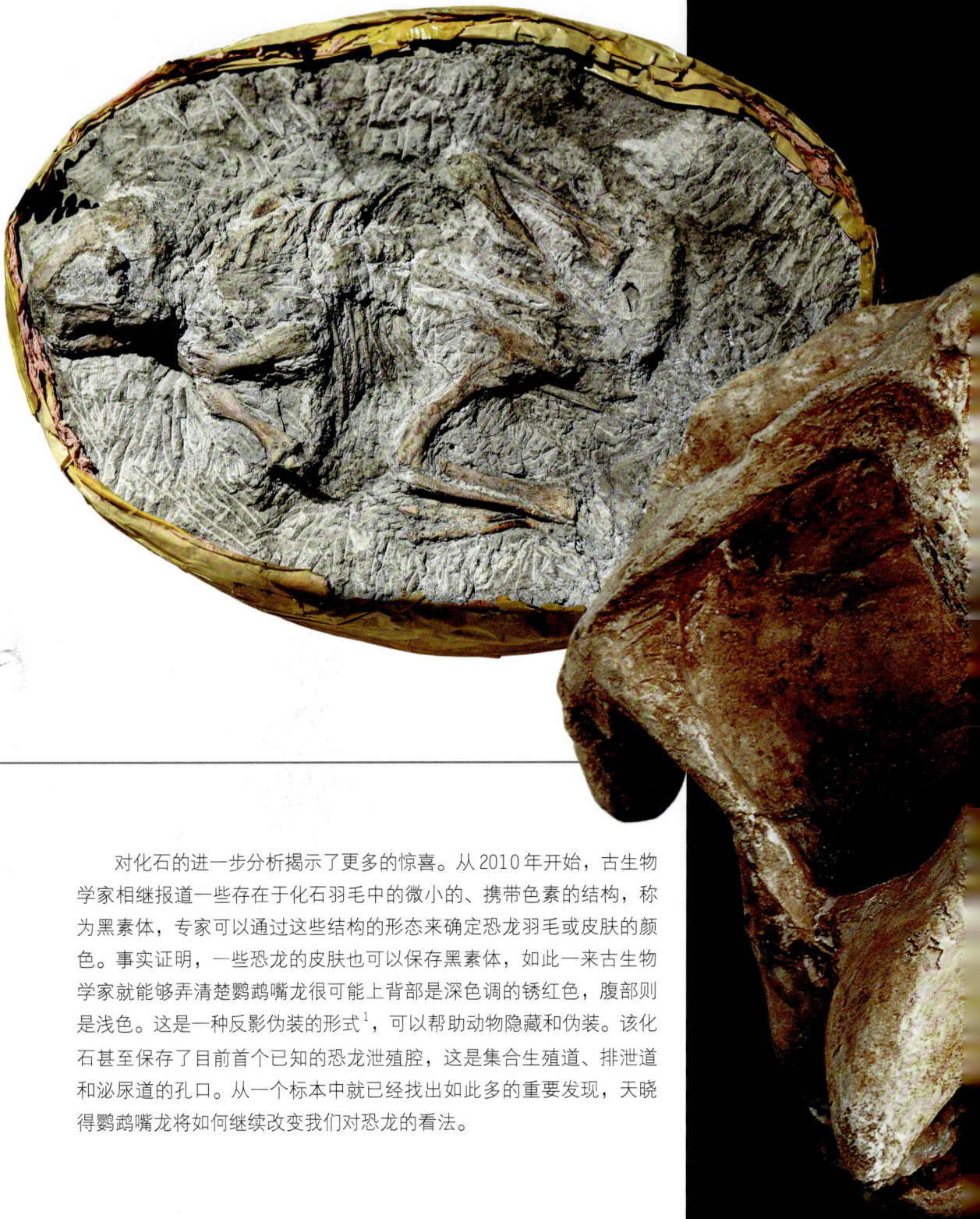

　　对化石的进一步分析揭示了更多的惊喜。从 2010 年开始，古生物学家相继报道一些存在于化石羽毛中的微小的、携带色素的结构，称为黑素体，专家可以通过这些结构的形态来确定恐龙羽毛或皮肤的颜色。事实证明，一些恐龙的皮肤也可以保存黑素体，如此一来古生物学家就能够弄清楚鹦鹉嘴龙很可能上背部是深色调的锈红色，腹部则是浅色。这是一种反影伪装的形式[1]，可以帮助动物隐藏和伪装。该化石甚至保存了目前首个已知的恐龙泄殖腔，这是集合生殖道、排泄道和泌尿道的孔口。从一个标本中就已经找出如此多的重要发现，天晓得鹦鹉嘴龙将如何继续改变我们对恐龙的看法。

1　译注：由于背部会受到光照并在腹部产生阴影，因此这种体色分配有助于削减这种光照明暗程度的反差，动物借此在环境中变得不显眼。

第104~105页图　鹦鹉嘴龙是著名的角龙类之一，古生物学家已发现许多种类以及从胚胎到成年的一系列年龄阶段的化石。其中一些化石还包括了软组织，让古生物学家得以更全面地了解这种恐龙还活着时的样子。

禽龙

在"恐龙"这个名字还没有出现之前，人们就已经在寻找它们了。事实上，直到古生物学家发现了好几种恐龙，他们才开始意识到这些爬行动物应该是自成一类的存在，它们与现在我们所见的爬行动物截然不同。

1822年，玛丽·曼特尔正在参观英国蒂尔盖特森林的一个矿场，而她的丈夫吉迪恩作为一名医生正在出诊。在那里，玛丽从一种不知名的动物化石身上捡到了几颗牙齿化石。吉迪恩对这些化石产生了浓厚的兴趣，经过一番研究，他认为这些牙齿很像现代鬣蜥的牙齿。并在1825年，他为这些牙齿可能属于的生物创造了"*Iguanodon*"（禽龙[1]的学名，也就是"鬣蜥牙齿"的意思）这个名字，并在最初设想这种生物是一种巨大的蜥蜴。

英国最早发现的禽龙要么是碎片，要么是支离破碎的骨头，这让古生物学家无法确定整只动物的样貌。但在1878年，煤矿工人发现了一个骨层，其中包含了至少38只禽龙并且许多标本几乎完整甚至部分关节还似乎它们生前那样连接在一起。这一发现从根本上改变了古生物学家们对禽龙以及所有恐龙的看法，加深了这些化石属于一类奇怪的动物，必须以独树一帜的方式来理解的看法。

现在从数十具骨骼和单独保存的骨头中得知，禽龙是整个食植恐龙群中很有标志性的一种，且它们的手上的拇指有尖刺。最大的禽龙可以超过10米长，它们既能够用四肢也能仅靠双脚移动。

尽管如此，古生物学家仍不确定为什么禽龙及其亲属有拇指上的尖刺。一些专家认为，这些尖刺能被用作武器，用来防御掠食者或与其他禽龙作战；但也有观点认为这种拇指尖刺可以帮助这种恐龙撕开坚硬的种子或从树枝上剥下植物。尽管发现至今已有近200年的历史，但关于禽龙我们还有很多方面需要了解。

---

1 译注：早期恐龙的名称翻译有时并不会按照学名的含义，而是按照化石可见的特征。但禽龙中文翻译名称的由来已不可考证，一种说法为该恐龙在分类上为鸟脚类，有如恐龙时期的鸟禽，因而得名。

● 生物档案

名称： 贝尼萨尔禽龙

学名： *Iguanodon bernissartensis*

命名年份： 1825年

时期： 早白垩世，1亿2500万年前

地点： 欧洲西部

身长： 10米

体重： 3.1吨

食物： 蕨类及其他植物

分类： 禽龙类

第108~109页图　禽龙和其近亲的背部通常由骨化的肌腱支撑。这些是沿着恐龙背部和尾巴脊椎上的面条状结构，有助于它们在不牺牲灵活性的情况下加强支撑。

第111页图　许多似鸟龙类的名字都源自它们类似一些鸟类，比如似鸡龙的意思是"鸡的模仿者"，但这类恐龙可能更像鸵鸟或者鸸鹋，虽然它们生活在远早于这些鸟类之前。

似鸡龙

乍一看，护符似鸡龙（*Gallimimus bullatus*）[1] 并不像一只"模仿鸡"的恐龙。它长着长长的、有鳞片的尾巴，手上有大爪，体形明显大于一般家禽。但不可否认的是，这种晚白垩世的杂食恐龙，仍然有很多类似鸟类的特征。远早于鸵鸟，这种非鸟恐龙已经演化出了类似鸵鸟的形态和生活方式

似鸡龙的化石在 20 世纪 60 年代首次被发现于蒙古国戈壁沙漠当中。类似的恐龙之前也在其他地方被发现过，尤其是北美洲，但蒙古国戈壁沙漠的这个新种说明这类恐龙可以长得很大。

成年的似鸡龙可以长到大约 6 米长，重约 450 千克。一些似鸟龙类恐龙可以长得更大，似鸡龙也远远大于鸡。但是，一直有个问题困扰古生物学家们，那就是为什么这种恐龙有着带着大爪的修长前臂，却又长着缺少牙齿的喙。

一直以来，兽脚类恐龙被普遍认为是食肉动物。然而有些兽脚类恐龙，比如一些似鸟龙类，却没有牙齿。有一种观点认为，似鸟龙类主要以蜥蜴、昆虫等小型猎物为食，但更可能的是这些恐龙是杂食性的，吃一些小动物，但也吃植物和水果。从体态来说，它们非常类似现在的鸸鹋，可能以低矮的植被、种子、昆虫或者任何它们可以轻易吞下的东西为食。

如果似鸡龙如此类似鸵鸟，那是否意味着它们可以像鸵鸟或者《侏罗纪公园》中所描绘的对应恐龙那样快速冲刺呢？据估计，这种恐龙的奔跑速度约为每小时 48 千米，是跑得最快的人类的两倍多，但仍比不上鸵鸟的速度。但对恐龙来说它们并不需要变得那么极端。似鸟龙只需要跑得比尝试捕食它们的暴龙类快一些就行了。

1　译注：种名"bullatus"实际上来自拉丁语"bulla"，是指罗马时期幼童佩戴的金质护身符。这里用来指这类恐龙颅骨腹侧有个形状类似的结构。但之前被错译为"气腔"，在此更正。

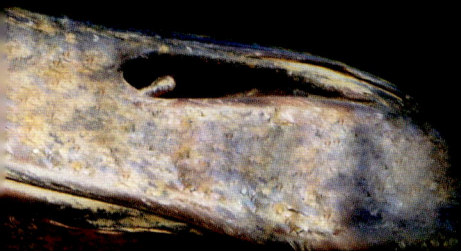

生物档案
名称： 护符似鸡龙
学名： *Gallimimus bullatus*
命名年份： 1972年
时期： 晚白垩世，7000万年前
地点： 蒙古国
身长： 6米
体重： 453.5千克
食物： 水果、树叶、蜥蜴，昆虫
分类： 似鸟龙类

111

似鸵龙

1901 年，当古生物学家在加拿大阿尔伯塔省发现第一具高似鸵龙骨骼时，古生物学家对这类恐龙的看法各异。在当时恐龙通常被描绘成一些奇怪的爬行动物，拖着尾巴，笨拙地蹒跚在中生代的地面上。有些古生物学家认为恐龙实际上是活跃的动物，但实际上没人知道它们是如何生活的，因此"冷血的爬行动物"成为了人类对恐龙的主导印象。但似鸵龙是个例外，从发现时起科学家们就觉得这种恐龙与众不同。

似鸵龙长约 4.2 米，重约 150 千克，是一种中等体形的似鸟龙类。相比之下，这种恐龙稍小于似鸡龙，也更纤细一些。而且，正如你可能从名字中猜到的那样，似鸵龙长得很像鸵鸟，甚至连羽毛都很像。古生物学家在似鸵龙的近亲身上发现了羽毛的痕迹，因此认为似鸵龙身体上也覆盖着一层绒毛状的羽毛，而其手臂上则长着更为复杂的羽毛。

当然，要了解似鸵龙是什么样的，需要首先明确哪些化石真正属于这类恐龙。当古生物学家发现一具新的恐龙骨架时，他们通常会对这个化石属于哪种恐龙或者接近哪种恐龙有一个初步的认识。但很多时候，第一印象是错的。已被归类的恐龙化石可能在后续发现中被证明是新物种，也可能相反，一些被认为是新种的恐龙，可能属于某种已知的恐龙。

比如，回到 1902 年，古生物学家劳伦斯·兰贝把第一具似鸵龙的标本归入了其他属。他认为这是一种新的似鸟龙属的化石，因此命名为高似鸟龙（Ornithomimus altus），十多年后，人们发现了第二具，更加完整的骨架，并证明了兰贝发现的"似鸟龙"实际上是一个新的属，似鸵龙属。

事情并没有到此结束。多年后，古生物学家还命名了许多新的物种，如纤细似鸵龙（Struthiomimus "tenuis"）、

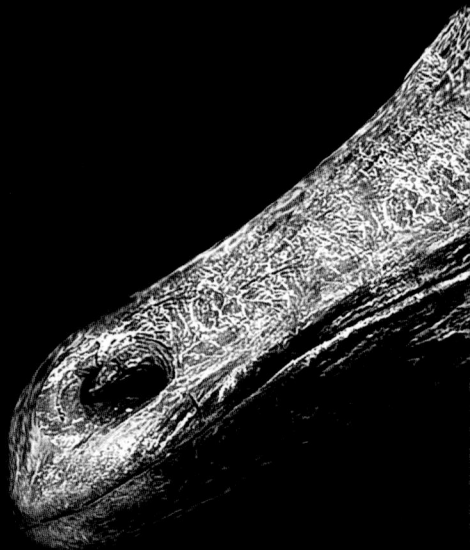

生物档案

名称： 高似鸵龙
学名： *Struthiomimus altus*
命名年份： 1972年
时期： 晚白垩世，7000万年前
地点： 加拿大阿尔伯塔省
身长： 4.2米
体重： 149.6千克
食物： 植物、种子、蜥蜴
分类： 似鸟龙类

柯氏似鸵龙（*Struthiomimus "currelli"*）、塞氏似鸵龙

弄清楚化石属于哪个物种，对研究恐龙的生活方式非常重要。例如，似鸵龙看起来就像一种跑得很快的恐龙。

它的腿足比例——大腿很短，小腿和足部很长表明了这种恐龙跑得比大部分恐龙要快，这使它们在躲避暴龙类（如蛇发女怪龙）或者驰龙类（如蜥鸟盗龙）的追捕时，能够快速逃跑。

在加拿大阿尔伯塔的远古森林里面，似鸵龙要时刻准备着逃离捕食者的魔掌。

第114~115页图　阿尔伯塔的恐龙公园组保存了许多非常完整，或者接近完整的恐龙骨架，其中就包括了似鸵龙的化石。许多化石保存了典型的恐龙死亡姿势，它们的尾巴抬起，头部向后背大幅度弯曲。

三角龙

当乔治·莱曼把他在 1887 年发现的一对"牛角"化石寄给耶鲁大学古生物学家奥思尼尔·查尔斯·马什时，这位美国东北地区的专家肯定这些骨头属于生活在 200 多万年前的一种奇怪的野牛。马什将这种动物称为"长角"野牛，然后就去研究其他项目了，直到一个新的发现改变了他的想法。

莱曼发现这个化石的第二年，一位牛仔在怀俄明州发现了一个类似的化石。拼凑起来，人们发现这个化石是一个巨大的恐龙头骨，头骨上有一个小鼻角和两个眉角，角的后面是一片宽阔坚硬的骨盾。马什将这种恐龙命名为皱褶三角龙，然后悄悄地把之前发现的"长角"野牛化石归入了这种恐龙当中。

自那时起，北美洲西部的晚白垩世地层中发现了数十具三角龙的头骨和其他部位的化石。在恐龙时期的末期，三角龙和霸王龙生活在同一生境当中，是当时最令人印象深刻的大型恐龙之一。成年的三角龙体长可达 7.6 米，体重超过 7 吨，是生存时期最晚的几种角龙类。

当然，三角龙的一生当中形态也一直在变化。三角龙一开始很小，少数稀有的幼年化石显示，三角龙宝宝很可爱。幼年三角龙的鼻子和眉角很小，颈盾周围的骨质突起——术语是上骨化突——呈箭头状。然而，随着恐龙的成长，它们的眉角逐渐变长，而且在青春期时眉角向后弯曲，成年后才指向前方。颈盾周围骨突在成年后形状也发生变化，变得扁平，与许多其他恐龙一样，三角龙随着年龄的增长身体形态发生了巨大变化。过去还有假说认为牛角龙（*Torosaurus*）就是三角龙成体的样貌，但最近的研究认为这两者完全是不同的恐龙。

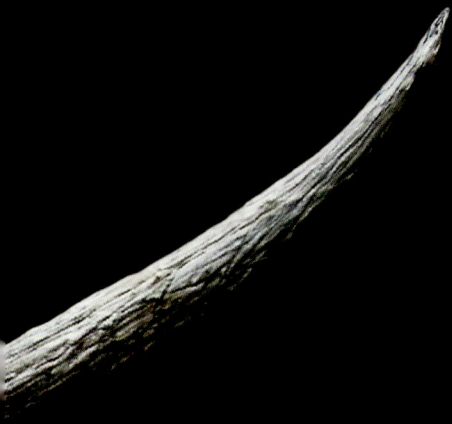

第117页图　恐龙头骨上眼睛的位置可以帮助古生物学家确定恐龙的视野范围。三角龙的眼睛朝向两侧，这在食植恐龙身上是很常见的。虽然不能直视前方，但是视野会很开阔。

第118~119页图　科学家们一直想弄清楚为什么三角龙有两个如此巨大的眉角。一些三角龙头骨上的损伤显示，这些恐龙可能使用眉角相持搏斗，就像今天的麋鹿或者其他食植动物一样。三角龙是目前已知的唯一会这样做的恐龙。

生物档案

名称： 皱褶三角龙

学名： *Triceratops horridus*

命名年份： 1889年

时期： 晚白垩世，6800万年前—6600万年前

地点： 北美洲西部

身长： 7.6米

体重： 7吨

食物： 蕨类和其他低矮植物

分类： 开角龙类

副栉龙

在恐龙漫长的演化历史当中，经常演化出各种华丽的头饰，但很少有恐龙的形态能像沃氏副栉龙一样夸张招摇。这种大型的鸭嘴龙类最早发现于加拿大阿尔伯塔省的 7500 万年前的白垩纪岩层当中，它的头骨后面有一个修长的中空长冠。古生物学家们花了几十年才搞明白，这个结构是做什么的。

从外部看，副栉龙的头冠可能只是一个弯曲的管子，但内部的结构却复杂得多。这个头冠实际上是鼻腔的扩展，里面拉长的 U 形通道连接着鼻腔和喉咙。在这种恐龙的一生当中，这种细长的结构应该有着某种功能，对此古生物学家们提出了不同的解释。

古生物学家威廉·帕克斯命名了副栉龙，他当时认为头冠是韧带的附着点，支撑头部，就像野牛、猛犸象和其他哺乳动物那样。其他专家不同意这个观点。多年以来，不同科学家提出了不同的观点，比如头冠可以作为潜水呼吸管，让副栉龙可以在水下活动一段时间；也可能是战斗用的武器，还能方便它们在森林当中快速移动时，拨开植物；还可能是用来探测空气中细微气味的嗅觉扩展工具。现在，上述的假说已经没有太多人支持了，目前古生物学家主要认为这种头冠是一个共鸣腔。复原出来的副栉龙能

生物档案

名称： 沃氏副栉龙

学名： *Parasaurolophus walkeri*

命名年份： 1922

时期： 晚白垩世，7500 万年前

地点： 北美洲西部

身长： 9.4 米

体重： 3 吨

食物： 蕨类和其他植物

分类： 赖氏龙类

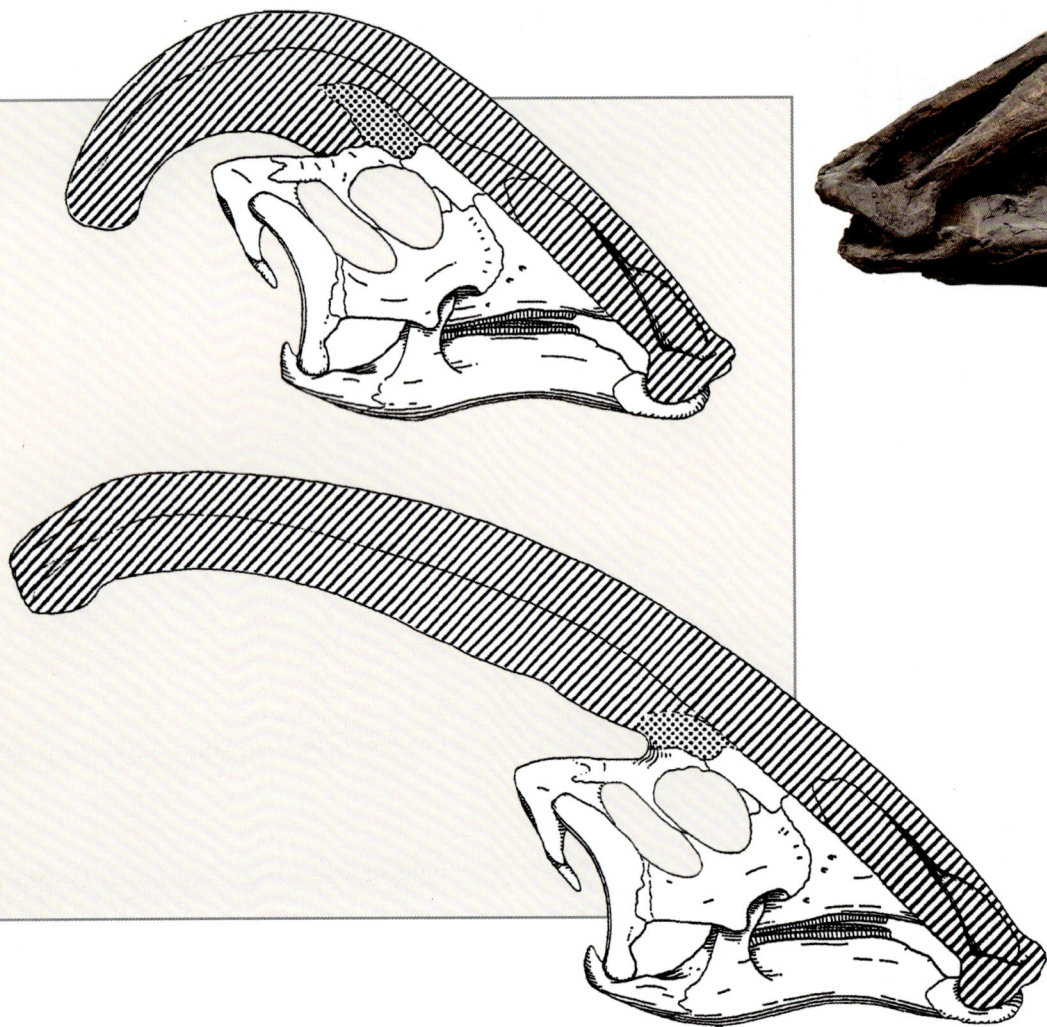

够发出低沉、洪亮的叫声——就像号角一样。这种复原方案不但受头冠内部结构的支持，也被这种恐龙的内耳结构支持。保存完好的副栉龙内耳化石显示，成年副栉龙可以听到较低频率的声音，恰好就是头冠可以发出的声音。低频的声音会比高频声音传播得更远，所以它们可以通过头冠进行远距离交流，就像大象一样。

沃氏副栉龙并不是这个属中的唯一代表。至少有两种其他的副栉龙类——小号副栉龙和短冠副栉龙——它们有

着更短、更弯曲的头冠。来自白垩纪中国的卡戎龙也有类似的头冠。这类恐龙可能可以发出不同的音调，可以让不同物种在远距离能互相区分对方。当然，并不是说这些头冠只有一个功能，它们也可能在求偶过程中发挥重要作用。但是，无论这些头冠的具体功能如何，它一定对恐龙的生活有很重要的作用，因为这种夸张的结构会像如今吸引古生物学家的目光一样吸引其他恐龙注意。

第122~123页　副栉龙有许多不同的种类，头冠的形态也各异。如沃氏副栉龙有最长的头冠；短冠副栉龙（*Parasaurolophus cyrtocristatus*）则有短而弯曲的头冠。这些不同形态的头冠可能会发出不同的声音。

赖氏龙

鸭嘴龙类之间看起来都差异不大。大部分鸭嘴龙类都有长而粗的尾巴、粗壮的后腿和相对纤细的前腿，这使得它们可以在四肢着地和两足行走之间切换。但它们的头骨是它们身上最有趣的地方。尤其是赖氏龙类恐龙，都有着精致而奇异的头冠，包括赖氏赖氏龙[1]本身。

古生物学家们花了很长的时间才认识到赖氏龙是一个独立物种。并不是因为赖氏龙的化石罕见，而是因为古生物学家们对化石的地质年代存在分歧。最早的赖氏龙化石出土于 1902 年，被命名为"奇异糙齿龙（*Trachodon marginatus*）"。然而，当时尚未发现保存完好的"糙齿龙"化石，因此专家们把不同年代的鸭嘴龙化石都归到了这种恐龙下面——这种情况也被称为"分类垃圾桶"。即使古生物学家威廉·帕克斯意识到这些化石当中的部分可能属于一种新恐龙——赖氏赖氏龙的之后，分类的混乱仍然继续了一段时间。

许多非鸟恐龙随着年龄的增长，身体会发生很大的变化。幼年和少年阶段的恐龙可能和成体差异很大。一个世纪之前，古生物学家经常命名一些新的、小体形的恐龙物种。在 20 世纪 20 年代，古生物学家们命名了原鹅龙（*Procheneosaurus*）和四冠龙（*Tetragonosaurus*）两个属，但最后发现这些都是幼年的赖氏龙，一样的情况当然也出现在赖氏龙属内的一些所谓"新种"当中。

---

1 译注：此恐龙种名和属名一样。

生物档案

名称： 赖氏赖氏龙

学名： *Lambeosaurus lambei*

命名年份： 1923年

时期： 晚白垩世，7500万年前

地点： 北美洲西部

身长： 7米

体重： 2吨

食物： 蕨类和其他植物

分类： 赖氏龙类

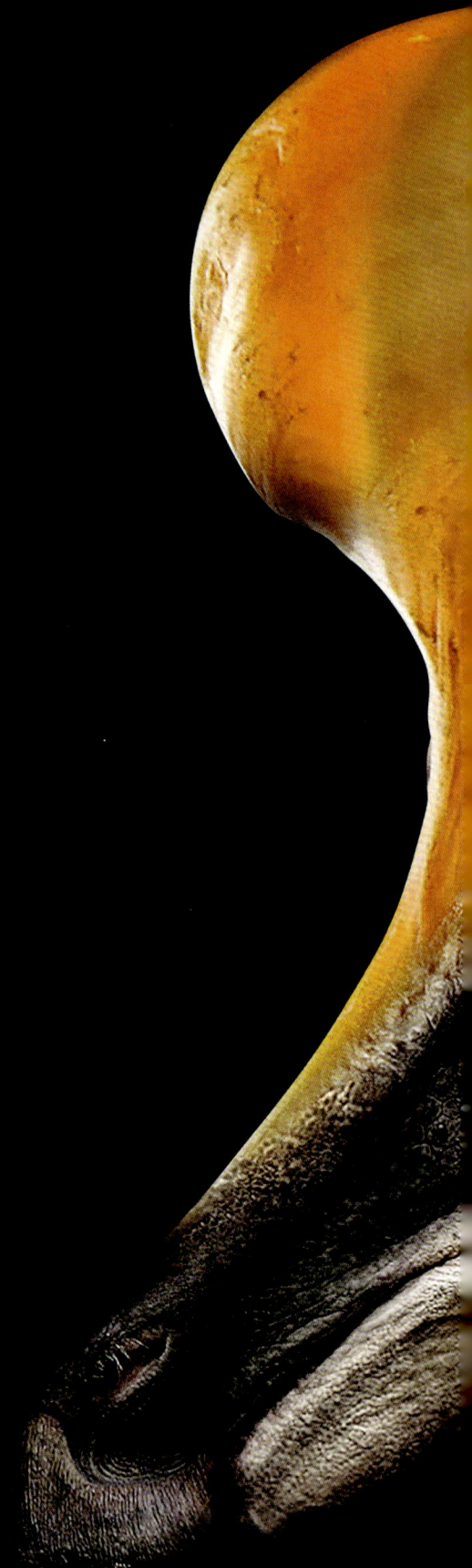

尽管如此，科学家们经过研究赖氏龙头冠内通气管道形态和内耳结构，也认为赖氏龙的冠是起到了共鸣腔的作用。

为什么赖氏龙类有如此多种多样的头冠，这个问题还是个谜。幼年的赖氏龙的头冠只是个小小的凸起的物质，这说明头冠可能是和身体成熟有关的结构。可能这类恐龙求偶的时候会偏好某一种头冠——这也可能会帮助它们在远距离识别同类——然后更好地帮助这类恐龙求偶和交配。这些头冠非常突出，这也很有可能是赖氏龙外形或者声音魅力的重要来源。

第126~127页图　不完善的化石有时会造成混淆。一些头冠没有被完整保存的赖氏龙被鉴定为新物种，而后来的研究才发现它们也是赖氏龙。

剑角龙

古生物学家们经常把肿头龙类当作"榆木脑袋"。所有恐龙的脑袋上都有骨头，但肿头龙的头骨内部骨质结构发展到了极致。实际上，大部分肿头龙类的化石只保存了头骨厚厚的头顶。对于其他肿头龙类来说，科学家们不是很清楚它们除去头骨之外的身体构造，但是直立剑角龙的发现填补了这个空白。

最早古生物学家们在1901年加拿大阿尔伯塔省发现了剑角龙的头骨，但直到1924年，才发现了另一个更加完整的骨骼化石，让人们真正了解了这类动物。这个化石不仅包括了完整的头骨，也包括了前肢、后肢、臀部、脊椎和肋骨。在此之前，没有人清楚肿头龙类具体长什么样子，因为当时大部分化石是它们厚厚的头骨。剑角龙显示肿头龙类是一种奇怪的、长着短脸、头顶环绕着短刺、大部分时间用两足行走的生物，和其他恐龙类群都有很大区别。

剑角龙是一种小型的肿头龙类，生活在大约7500万年前的古代阿尔伯塔省的森林和洪泛区当中。这种恐龙牙齿的形状和间距说明它会进食大量的植物，同时会受到像蛇发女怪龙这样的大型捕食者的威胁。

接下来是那个特色的头顶。古生物学家长期以来一直在争论剑角龙及其亲属是否相互撞击。头骨的解剖结构和研究发现的一些损伤显示肿头龙类确实会在种群内用头部对撞，但并不一定是头顶对头顶直接碰撞。这并不意味着这些厚厚的头顶结构仅用于战斗，这样一个有华丽结构装饰的小角，可能也是一种重要的社交展示工具。

生物档案

名称： 直立剑角龙

学名： *Stegoceras validum*

命名年份： 1902年

时期： 晚白垩世，7500万年前

地点： 加拿大阿尔伯塔省

身长： 2.1米

体重： 40千克

食物： 蕨类和其他植物

分类： 肿头龙类

肿头龙

　　怀俄明肿头龙可能是人类发现的最奇异的恐龙。从发现伊始，这种恐龙就挑战着古生物学家的想象。

　　在 1931 年，古生物学家查尔斯·吉尔摩根据一个不完整的头骨化石命名了一种新恐龙。他把这种动物称为"怀俄明伤齿龙"，这个恐龙有着尖牙，头骨上长着一个骨顶。这样做一定程度上是合理的。在当时仅仅发现了伤齿龙属的牙齿，而它们的牙齿粗看上去确实和剑角龙类的很接近，因此剑角龙的牙齿也被认为属于伤齿龙。直到后来，科学家们才意识到伤齿龙是一种小型的盗龙类恐龙，而吉尔摩发现的化石实际上属于一种在 1943 年被命名为肿头龙的更大型恐龙。

　　但头疼的事情并没有结束。肿头龙化石主要发现在北美洲晚白垩世的沉积物当中，距今大约 6800 万年到 6600 万年间。这些年来，古生物学家们又在相同地层当中命名了其他两种不同的肿头龙类，分别是小体形的龙王龙（*Dracorex*）和中等体形的冥河龙（*Stygimoloch*）。它们的顶骨的大小和骨刺的长短有别于肿头龙。然而，在 2009 年，有古生物学家提出这些小体形的物种实际上只是肿头龙的幼体。所谓这 3 种恐龙头顶骨刺的替换方式是一样的，只是长短不同，因此这些化石实际上代表了同一种恐龙，也就是肿头龙的个体发育序列，而不是 3 个独立物种。

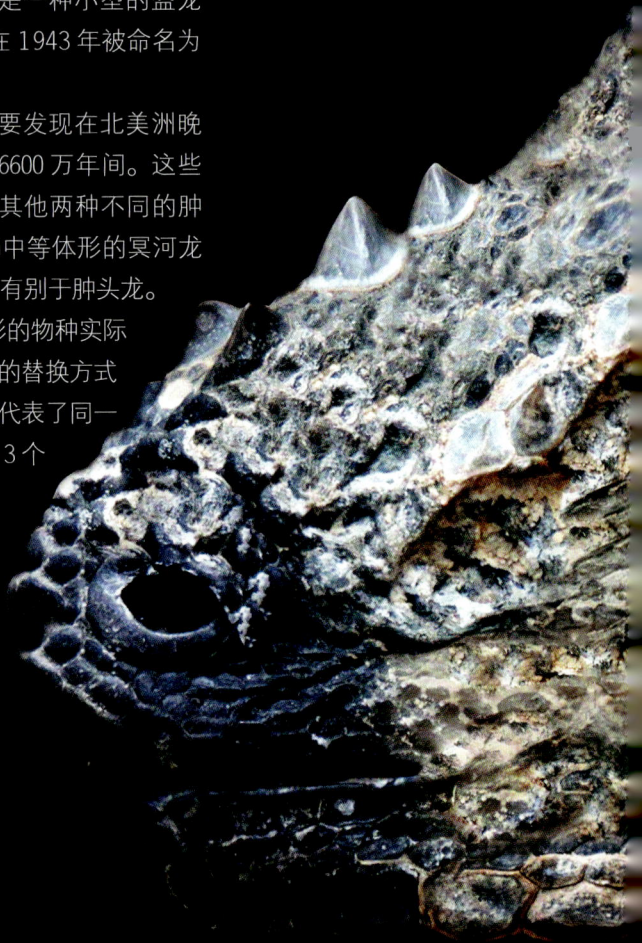

生物档案

名称： 怀俄明肿头龙

学名： *Pachycephalosaurus wyomingensis*

命名年份： 1943年

时期： 晚白垩世，6800万年前—6600万年前

地点： 北美洲西部

身长： 4.5米

体重： 453.5千克

食物： 蕨类和其他植物

分类： 肿头龙类

类似它们的近亲剑角龙，肿头龙主要吃植物，生活在森林茂密的洪泛平原上。长着厚厚骨顶的头骨可能用来防御大型暴龙类捕食者。就像其他肿头龙类一样，古生物学家们也很好奇为什么它们有如此突出、坚厚的头骨。

虽然肿头龙类化石上缺少一些如牛和大角羊等现代哺乳动物身上可以见到的适应头部撞击的形态结构，但这些恐龙的骨骼依旧显示了很多战斗的痕迹。大约22%的肿头龙头骨上有战斗形成的伤痕和病理结构，一些肿头龙头骨上还有多处的伤痕。现在还不清楚这些恐龙会怎样对撞脑袋，是侧撞还是正面对撞，但很明显这些素食恐龙的头部装饰绝对不是华而不实的。

第132~133页图 怀俄明棘龙的头骨在其成长过程中发生了巨大变化。幼龙的头骨相对较平，头骨上长有小刺，青少年的头骨上长有较大的骨刺，成年龙的头骨上长有突出的圆顶，圆顶周围长有中等大小的骨刺。

窃蛋龙家族

所有恐龙家族当中，窃蛋龙类可能有着最具讽刺性的名字。这个名字翻译过来意思是"偷蛋的恐龙"，也就是科学家们在 1924 年命名窃蛋龙属时建立的，当时认为这些恐龙会抢夺原角龙的蛋并将其当作食物。但过去一百年的研究，完全颠覆了科学家对这类恐龙的认识。实际上，这些恐龙不是臭名昭著的窃蛋贼，而是最会照顾后代的恐龙父母。

　　截至目前，古生物学家们已经命名了 30 多种不同的窃蛋龙。一些物种相对较小，大约相当于火鸡大小，而另外一些可以长到 9 米长。早期的物种嘴里还有一些牙齿，但大部分后期的窃蛋龙类就没有牙齿了，却长着像鹦鹉一样的喙。它们身披羽毛，很像鸟类，头骨上有着精致的头冠，这让它们看起来非常特殊。

　　虽然目前古生物学家对窃蛋龙的食性还不算非常清楚，但是它们是兽脚类恐龙从食肉祖先演化到杂食甚至食植的一个非常好的例子。大多数窃蛋龙都失去了牙齿，说明这些恐龙可能主要以昆虫、蜥蜴、植物或者也可能其他恐龙的蛋为食。一个窃蛋龙化石，在它的肠道里面保存了一只蜥蜴；而另一个早期的窃蛋龙类代表——尾羽龙，胃部有一些被称为胃石的小石头，说明它们主要吃种子和其他植物，必须好好磨碎这些植物才能消化。

　　窃蛋龙的化石不仅仅是骨骼。蒙古国戈壁地区发现了一些被沙丘困住、掩埋的筑巢期的恐龙化石。这些恐龙坐在蛋窝的上面，这提供了窃蛋龙的家庭的一张"快照"，并因此可以将某些特定的蛋和某类恐龙联系在一起。窃蛋龙们是细心的父母。它们把卵，一对一对地摆成环状，排到巢里面，并在它们之间留下一定空间。我们发现一些窃蛋龙会用前肢盖住蛋，可能用羽毛覆盖那些脆弱的卵。一些蛋保存非常完好，甚至保存下来了胚胎。一个最新的发现表明，窃蛋龙会把它们的头向后藏在前肢下方，就像现在鸡孵蛋的姿势一样。

　　尽管它们和鸟类很相似，窃蛋龙类却和最早的鸟类亲缘关系较远。它的喙、羽毛、筑巢行为，甚至一些尾部愈合的解剖结构——也就是尾综骨，要么来自更古老恐龙祖先的共同祖征，要么就是趋同演化的结果。随着时间的推移，一些鸟类变得和窃蛋龙很类似，但这些非鸟恐龙和这些早期鸟类几乎在同一时间兴盛起来。

窃蛋龙

化石记录的故事有时候是片面的。当古生物学家们发现一具恐龙骨架的时候，他们看到的是化石形成那一瞬间——也就是生命消逝时候的情况。但是，当不同化石在同一个地方被发现的时候，古生物学家们就需要研究这些生物是确实生活在一起，还是碰巧埋藏在了一块。再著名的专家也会犯错，一个很好的例子就是专家误以为嗜角窃蛋龙是一种偷蛋的恐龙。

和鹦鹉嘴龙一样，窃蛋龙也是在 20 世纪 20 年代初的美国自然历史博物馆的蒙古考察中发现的。在 1923 年的一次科考中，科考队发现了一个不同寻常的兽脚类恐龙化石，它正好卧在十几个恐龙蛋上。当时古生物学家们认为找到了正在偷东西的恐龙。这类恐龙没有牙齿，说明它们并不吃肉，所以很有可能是在袭击其他恐龙巢穴的时候丧生的。在这次探险的时候，科考队还发现了原角龙和它们的蛋，因此研究人员就此假设了这种恐龙会偷原角龙的恐龙蛋，然后将这种恐龙叫作"嗜角窃龙蛋、会偷蛋的恐龙"。

半个多世纪后，古生物学家们才发现这是个错误。窃蛋龙不仅不寻常，而且还是窃蛋龙类的第一个已知成员。而那些原角龙的恐龙蛋呢？这些蛋实际上是窃蛋龙的蛋。后面新发现的窃蛋龙化石显示，这些恐龙的化石经常出现在它们巢穴的顶部，而嗜角窃蛋龙的化石也应是如此。但是因为这种恐龙的学名已经确定不能更改，因此这类恐龙只能永远被称为窃蛋龙了。

早在白垩纪，戈壁沙漠地区的环境就和今天非常类似了。窃蛋龙生活的环境当中有着沙丘和溪流，这也是为什么这些窃蛋龙骨架化石可以保存下来。当这些沙丘忽然崩塌的时候，可能就地掩埋了一些窃蛋龙。

生物档案

名称： 嗜角窃蛋龙

学名： *Oviraptor philoceratops*

命名年份： 1924年

时期： 晚白垩世，7300万年前

地点： 蒙古国

身长： 1.5米

体重： 34千克

食物： 蜥蜴、种子、昆虫

分类： 窃蛋龙类

第136页图 嗜角窃蛋龙是第一种被描述的窃蛋龙类恐龙，根据被怀疑的窃蛋行为而命名。尽管现在我们已经知道，第一件窃蛋龙标本只是说明它们在筑巢，但仍然不能排除窃蛋龙会尝试吃其他恐龙的蛋。

第138~139页图　窃蛋龙蛋窝的排列方式非常一致。椭圆形的蛋一对一对地排成圆环，中间有个凹坑供成体卧在上面。窃蛋龙可能不会用沉积物盖住恐龙蛋，而是用身体来维持蛋的温度。

第139页图　窃蛋龙的爪子不像食肉的恐龙爪子那样弯。虽然窃蛋龙及其近亲可能会捉捕一些小型猎物，但它们更可能用喙，而不是前肢来抓住蜥蜴、哺乳动物或者其他食物。

我们对窃蛋龙的了解很多来自对它们一些近亲的发现。最早发现的窃蛋龙化石部分头骨没有被保存下来。古生物学家们曾经认为这类恐龙在鼻子末端可能长着一个小角，但仅此而已。自此之后，更多的窃蛋龙类化石被发现，它们的头骨上都有着显眼的头冠。这些头冠的形状和窃蛋龙头骨破碎的部分吻合，说明它们有着类似的头冠。窃蛋龙还帮助古生物学家们搞清楚了一个重要的恐龙解剖学问题，一个长久没有被前人解决的问题。蒙古国的窃蛋龙骨架保存了恐龙的胸骨，也就是常见于现在鸟类的叉骨。

　　但现在我们对窃蛋龙仍有很多不了解的地方。首先，古生物学家们不了解窃蛋龙到底吃什么。一件标本显示其尾部有一只蜥蜴，在它们的巢穴当中也发现过小型盗龙类的头骨。但这不是全部。窃蛋龙有着无牙的嘴喙，古生物学家们认为它们咬合力很强。这强有力的上下颌可以帮助它们咬开种子和其他坚硬的食物。然而，迄今为止我们还是缺乏对这类恐龙具体食性的确切认识。

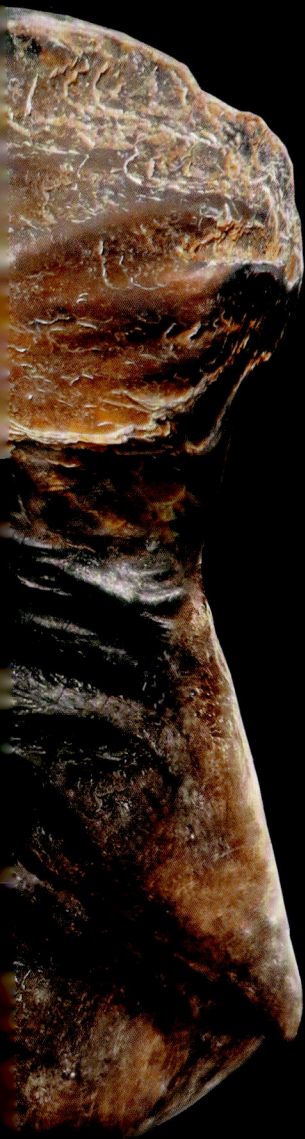

葬火龙

当窃蛋龙在 1924 年被命名的时候，人们对这类恐龙的了解非常少。当时这类恐龙的其他近亲没有被发现，古生物学家们也搞不清楚这类恐龙和哪些恐龙的亲缘关系更近。但 20 世纪末期到 21 世纪初的系列发现开解了上述谜团，其中就包括对奥氏葬火龙的研究。

葬火龙的发现故事开始于一枚恐龙蛋。在 1993 年，古生物学家在蒙古国戈壁发现了一枚内含胚胎的窃蛋龙类的恐龙蛋。这是个迷人的发现，因为相对于成年恐龙来说，恐龙胚胎是非常少见的。专家们在相关区域进行了更多的考察，发现了部分成年窃蛋龙类的骨架。这具骨架算是某种意义上"复活"了，但情况并不乐观——骨架的上半部分，包括头骨、背椎、臀部骨骼没有被保存下来。但幸运的是剩下的骨骼部分显示，这个恐龙坐在一个恐龙巢穴的顶部，双臂张开护着它的蛋。这说明窃蛋龙类，包括窃蛋龙属会照顾它们的巢穴，这个化石也因此有了一个爱称"伟大的妈妈"。科学上的名称是奥氏葬火龙。

古生物学家们现在了解到，葬火龙差不多在同一时间和窃蛋龙生活在相近的栖息地。这些恐龙都在古代沙漠的沙丘之间生活。葬火龙比窃蛋龙体形要大一些，并有一个更突出、朝向前方的头冠。古生物学家们也认为葬火龙身上应该披着羽毛，不仅仅因为它们在巢穴上的卧姿，也是因为它们尾部几块骨头愈合成的结构，也叫尾综骨，是一种附着装饰羽毛的结构。

葬火龙的羽毛应该不只是用来保暖或者孵蛋。研究显示窃蛋龙尾巴的尾综骨可以灵活运动，可以摆动和展示其上附着的羽毛，就像孔雀一样。即使我们现在已经不能看到活的葬火龙展示羽毛了，但不难想象它们在白垩纪的沙漠中华丽表演的场景。

生物档案

名称： 奥氏葬火龙

学名： *Citipati osmolskae*

命名年份： 2001年

时期： 晚白垩世，7300万年前

地点： 蒙古国

身长： 3 米

体重： 83.9千克

食物： 小型脊椎动物

分类： 窃蛋龙类

巨盗龙

大多数窃蛋龙类体形都很小，大约只有火鸡大小甚至更小。因此，当专家们在2007年宣布发现了一种长得和暴龙一样大的巨型窃蛋龙类时，古生物学家们的惊讶可想而知。

二连巨盗龙的发现偶然发生在一次纪录片拍摄过程中。当时，古生物学家徐星在拍摄过程中在挖掘现场清修一块骨头，正在展示发掘流程，这时候他发现这块骨头可能来自一个新物种。进一步挖掘发现了恐龙的头骨、椎体、四肢等部分，足以证明这种生物是迄今为止发现的最大的窃蛋龙。当然，"巨盗龙"的体形一经公布就成为了头条新闻。根据对恐龙骨骼内部结构的仔细检查，这种动物在死亡时大约只有11岁——对于体形这么大的恐龙来说，它还相对年轻。对这种恐龙深而厚的上下颌的研究表明，巨盗龙能够通过前后移动上下颌进行剪切式咬合，这与小型恐龙的挤压式颌部结构不同。尽管没有人知道巨盗龙吃什么，但这种恐龙很可能吃植物来维持其巨大的体形，并在可能的情况下以肉类作为补充。

巨盗龙是在中国内蒙古二连达巴苏组中发现的，这里还发现了其他各种恐龙。在白垩纪的晚期，这里曾是温暖潮湿的地方，河流在森林中穿行。尽管在这一地层中发现暴龙类，如独龙（*Alectrosaurus*），但成年的巨盗龙比这一岩层中已知的任何食肉动物都要大得多。巨盗龙的快速变大，可能是一种帮助其躲避生活在同一片森林中的食肉动物的骚扰的演化策略。

巨盗龙是否像较小的窃蛋龙类那样全身覆盖羽毛一直是个有争议的问题。由于没有发现直接与骨骼化石一起的羽毛或皮肤，这种恐龙的外貌只能通过其近亲的信息来推断。虽然大多数小型窃蛋龙类身上都长满了羽毛，但厚厚的羽毛可能会导致巨盗龙体温过热。相反，这种恐龙可能在背部和手臂上长有羽毛，但在腿部有"裸露"的皮肤，类似于今天的鸵鸟。

巨盗龙的发现还帮助古生物学家解开了一个化石之谜。甚至在发现巨盗龙之前，古生物学家就已经在中国晚白垩世地层中发现了巨大、细长的蛋。这些蛋被命名为巨型长形蛋（*Macroelongatoolithus*），但究竟是哪种恐龙产下了这样的蛋还不清楚。在一些恐龙蛋中发现的"胚胎"确定了它们属于窃蛋龙，而巨盗龙则证明了这种恐龙确实存在过。古生物学家们现在认为，巨盗龙就像其他窃蛋龙一样在卧坐在蛋圈中间的一块空地上，将身体罩在蛋上提供体温和保护。

生物档案
名称： 二连巨盗龙
学名： *Gigantoraptor erlianensis*
命名年份： 2007年
时期： 晚白垩世，9500万年前
地点： 中国内蒙古
身长： 8.8米
体重： 2.2吨
食物： 小动物、植物
分类： 窃蛋龙类

驰龙家族

驰龙类恐龙从根本上改变了古生物学家对恐龙的看法，但这并非一蹴而就。从 20 世纪初首次发现化石，到 20 世纪 70 年代的"恐龙文艺复兴"，再到 1993 年《侏罗纪公园》上映引发的恐龙狂热，这些身披羽毛、行动敏捷，甚至可能具有社会性的驰龙类无疑在人类的想象世界中留下了深深的印记。

　　捕食其他鸟类的现代鸟类通常被称为猛禽[1]，这个名字也适用于驰龙类。其中一些恐龙非常小。最早的驰龙类成员可能只有乌鸦那么大。也有些驰龙类恐龙变成了庞然大物，如北美洲的犹他盗龙和南美洲的南方盗龙——在没有其他大型食肉动物竞争的情况下，它们的体形可以像气球一样快速增大。

　　驰龙类恐龙与其他大多数恐龙相比，最明显的特征在足部。驰龙类恐龙用两只脚趾行走，第二只脚趾上长着悬空且著名的"杀人爪"。与驰龙类恐龙相近的伤齿龙也是这样行走的，它们都属于一个更大的类群——恐爪龙类。但是，伤齿龙通常是杂食动物，或者是专注于捕捉小型猎物的猎手，驰龙类恐龙则通常适合捕捉大型猎物。

　　关于驰龙类恐龙"杀人爪"的功能，50 多年来人们一直争论不休。专家们认为，这些独特的爪子可以用来划破猎物的腹部、攀爬树木，还可以用作抓捕猎物的钩子。目前最被广泛接受的观点是，这些爪子的作用类似于鹰的大爪子，用来刺穿和夹住挣扎的猎物，而其他恐龙则倾向于使用上下颌来固定猎物。

　　古生物学家并不了解这类恐龙的社会性生活。虽然还没有明确的证据表明驰龙类恐龙会像电影中那样有组织地成群狩猎，但古生物学家还是发现了驰龙类恐龙留下的足迹，这些足迹显示了几只驰龙恐龙一起朝着同一个方向行走。至少有些驰龙类恐龙会在一起列队行进。这相对于专家们了解的其他食肉恐龙，已经是很强的社会性生活的证据了。但一起行动并不意味着合作——人类也发现鳄鱼和科莫多龙会一起觅食，但它们并不是作为一个群体在一起狩猎。无论如何，这确实为我们提供了一个难得的机会来了解驰龙类恐龙的社会性生活。

　　古生物学家可以确定的是，这些恐龙是长羽毛的。目前已知的一些羽毛最华丽的恐龙就属于驰龙类，甚至在伶盗龙的骨头上也发现了羽毛附着的痕迹。许多驰龙类恐龙身上有多种羽毛类型，从一缕一缕的绒毛到前肢上的扇状羽毛，它们的羽毛可能具有多种功能。羽毛可能使恐龙保持温暖，可能使恐龙在奔跑时通过拍打羽翼以获得更好的平衡，而且鉴于始祖鸟与恐爪龙的相似性，羽毛也让最早的鸟飞上了蓝天。

1　译注：raptor，出现在恐龙分类中也常被译为盗龙类。

始祖鸟

鸟类是如今仅存的恐龙，它们的历史非常悠久。1861年发现的一个化石让人们了解到鸟类是从侏罗纪晚期演化至今的。这就是最早的鸟类——印石板始祖鸟。

迄今为止，在德国晚侏罗世的石灰岩中至少发现了11个始祖鸟化石。其中许多化石都有羽毛，包括著名的"柏林标本"，它已成为过渡时期的标志性化石。已知的化石大小不一，从麻雀大小到乌鸦大小不等。

自1861年这种恐龙被命名以来，始祖鸟就一直被认为是已知最早的鸟类，并帮助科学家定义了"鸟类"。在始祖鸟之前，肯定还有其他恐龙拥有羽毛和类似鸟类的特征，但结合目前所有证据和最新研究，始祖鸟依旧是鸟类大家庭最古老的成员。

在晚侏罗世，始祖鸟生活在现今德国境内的一个群岛上。这种恐龙体形很小，牙齿尖细，可能主要以小的猎物为食，也可能包括很多昆虫。古生物学家们认为始祖鸟飞行能力不是很强，可能只会扑扇翅膀，飞行能力比不上与其居住在同一栖息地的翼龙类。这些岛屿上的沙底质潟湖有助于保存这些恐龙的化石，甚至连羽毛的微观结构都保存了下来。当始祖鸟被冲入潟湖后，它们会沉入湖底缺氧的底层水域，并被快速掩埋，而没有被食腐动物吃掉。这些巧合让古生物学家得以有机会首度发现并研究带羽毛恐龙。

第149页图　印石板始祖鸟的柏林标本是世界上著名的化石之一。这个化石被发现于19世纪末，它保留了恐龙羽毛和骨骼的细节，是一个令人惊叹的过渡性化石。

生物档案
名称： 印石板始祖鸟
学名： *Archaeopteryx lithographica*
命名年份： 1861年
时期： 晚侏罗世，1亿5000万年前
地点： 德国
身长： 0.5米
体重： 0.9千克
食物： 昆虫和其他小型猎物
分类： 始祖鸟类

彩虹龙

在很长一段时间里，古生物学家设想的恐龙颜色非常单调。尤其是大型恐龙，多被描绘成灰色、棕色和绿色。但我们现在知道有些恐龙的颜色非常鲜艳。晚侏罗世的巨嵴彩虹龙几乎就是彩虹色的恐龙。

彩虹龙是驰龙类和始祖鸟的亲戚，也是一种小型恐龙。成年的彩虹龙可以站在成年人手上。在侏罗纪，不同种类的带羽毛恐龙生活在同一片森林里。迄今为止发现的大多数恐龙都很小而且似乎适应在树上生活。但是，即使在这种遍布毛茸茸恐龙的地方，这种侏罗纪晚期的食肉恐龙也会被人们一眼认出。彩虹龙不仅鼻子顶端有一个小嵴，而且颜色鲜艳。彩虹色的羽毛排列得非常致密。

这种侏罗纪的动物不仅有羽毛，而且全身覆盖廓羽。在这些保存下来的羽毛中，有一种被称为黑素体的色素携带体。通过对这些微小结构的研究，古生物学家们发现，"彩虹龙"的头部和颈部有着闪亮的彩虹色羽毛，就像一些蜂鸟的羽毛一样。彩虹龙的羽毛并不像小盗龙的那样闪烁着深色光泽，而是呈现出彩虹般的色彩。

究竟彩虹龙为何如此多彩还是一个谜。对于小型恐龙来说，携带醒目的颜色可能很危险，因为这会让大型食肉动物更容易发现它。但是，鲜艳的颜色对于发出社交信号，如寻找配偶或警告同类竞争者，可能非常重要。如果彩虹龙的颜色如此鲜艳，那么很可能还有其他颜色鲜艳的恐龙尚未被发现。

生物档案
名称： 巨嵴彩虹龙
学名： *Caihong juji*
命名年份： 2018年
时期： 晚侏罗世，1亿6100万年前
地点： 中国
身长： 0.4米
体重： 0.4千克
食物： 昆虫和其他小型猎物
分类： 近鸟龙类

犹他盗龙

有些驰龙类长到了令人生畏的体形。虽然许多驰龙家族成员非常小，介于乌鸦和火鸡之间，但这类带羽毛恐龙的一些成员却长得非常巨大，大到足以成为它们栖息地的顶级掠食者。这种恐龙生活在早白垩世的美国犹他州，也就是奥梅氏犹他盗龙。

与下一节中要介绍的恐爪龙类似，犹他盗龙的故事在恐龙甚至还没有名字的时候就开始了。已知的第一个属于这种恐龙的化石是在1975年发掘出来的。但直到1991年，一只巨大的脚爪才重新引起了古生物学界的关注。这只巨大的脚爪超过20厘米长，显然来自一只巨大的驰龙类，甚至比《侏罗纪公园》中的放大版本的伶盗龙还要大。

尽管关于犹他盗龙的详细科学描述尚未发表，但古生物学家已经发现了从幼年到成年不同年龄阶段的许多个体的骨骼。看起来，幼年的犹他盗龙像伶盗龙一样敏捷，而成年的犹他盗龙则要笨重得多，它们的头骨和身体的比例几乎与暴龙相似。在一块重达9吨的砂岩中发现的多只犹他盗龙，让人类更多地了解了这种动物。

据古生物学家所知，犹他盗龙是当时环境中最大的食肉动物。这可能是因为当时异特龙及其近亲等食肉动物正逐渐从北美消失，而暴龙类的体形仍然很小，而犹他盗龙填补了这一空缺。关于这种食肉动物仍然存在许多问题，每一块从岩石中发现的新骨头都会带来新的启示。

生物档案

名称： 奥梅氏犹他盗龙

学名： *Utahraptor ostrommaysi*

命名年份： 1993年

时期： 早白垩世，1亿2500万年前

地点： 北美洲西部

身长： 7米

体重： 499千克

食物： 其他恐龙

分类： 驰龙类

恐爪龙

平衡恐爪龙可能是迄今发现的最重要的恐龙之一。对于这只生前和人类体形相当的恐龙来说，它的发现可是一个相当大的成就。然而，尽管体形更大或长相更凶猛的恐龙备受关注，却没有一种恐龙像恐爪龙一样改变了古生物学的历史。

古生物学家在完全了解恐爪龙之前，就已经发现了一些"恐怖的爪子"了。这种恐龙的骨骼于1931年被发现，但由于被坚硬的岩石包裹着，它们从未被仔细研究过。直到1964年，人们才在美国蒙大拿州布里奇附近发现了更多的恐龙遗骸，这些遗骸共有1000多块骨头，包括了这种恐龙的各个部位骨骼。

在20世纪的大部分时间里，恐龙被认为是缓慢、奇怪、蠢笨的动物。但是，像似鸵龙这样看起来敏捷的恐龙却是例外。恐爪龙重新让人们认识到，许多恐龙都是行动快速的温血动物，而且比人们想象的更有活力。事实上，这种恐龙的连锁脊椎使它的尾巴可以翘起，就像一根平衡杆，每只脚上都有一只巨大的"杀人爪"，这对之前古生物学家对恐龙的想法提出了挑战。恐爪龙引发了"恐龙文艺复兴"，推翻了

人们对这些"可怕蜥蜴"的旧观念。

这种恐龙的一个有趣的地方，就是它们是以集群的形式被发现的。至少有两个化石点，它们的牙齿和骨骼和一种叫作腱龙（ Tenontosaurus ）的食植恐龙共存。这些发现说明了为什么恐爪龙还有《侏罗纪公园》中的迅猛龙被认为是群居的猎手。一只成年的腱龙可以重达1吨多，对于一只恐爪龙来说实在是太大了，所以古生物学家们推测，驰龙类是一起合作消灭这些植食动物的。

但事实也并非如此简单。因为这很难解释，如果这些骨床代表的是狩猎情景，那这些恐爪龙的尸体为什么也会被在猎物腱龙身边发现呢？

更有可能的是，恐爪龙的遗骨和腱龙的尸体被水流冲到了一起，然后掩埋起来。

另外，一起进食也不代表着一起狩猎。鳄鱼和科莫多巨蜥也会一起进食，但是实际上是在聚集抢夺食物，而不是合作捕猎。

恐爪龙脚上的"杀人爪"被古生物学家们认为主要用来捕猎小体形猎物。这些猎手可能不会成群结队地狩猎，而是像游隼一样，捕猎小体形的猎物。

生物档案

名称： 平衡恐爪龙

学名： *Deinonychus antirrhopus*

命名年份： 1969年

时期： 早白垩世，1亿1000万年前

地点： 北美洲西部

身长： 3.3米

体重： 90.7千克

食物： 其他小型恐龙或者其他脊椎动物

分类： 驰龙类

第155页图 平衡恐爪龙的爪子上覆盖着一层角蛋白鞘，就像现代鸟类的爪子一样。这意味着这种恐龙生前的爪子比骨质部分更长、更锋利，就像钩子一样可以抓住猎物。

小盗龙

在早白垩世，多个恐龙演化支都演化出了不同的征服天空的方式。在这些不同的演化支当中，最著名的是赵氏小盗龙。

这种小型恐龙的每只脚上都有一只"杀人爪"，手臂和手指很长，还有一些其他典型的驰龙类特征。但一些小盗龙标本上保存了清楚的廓羽，说明这种恐龙的手臂和腿上都长有长长的羽毛。古生物学家指出，这些羽毛不仅是装饰性的，实际上还提高了它们的空气动力学性能。

小盗龙的飞行能力究竟如何还是个未解之谜。不同的研究小组对此都进行了分析，结果各不相同。古生物学家们提出如下观点，包括小盗龙可以爬上树然后滑翔而下；小盗龙可以通过拍打翅膀来飞行；小盗龙有一定的空中机动能力，但不能像鸟一样飞行等。对小盗龙的飞行能力，古生物学家们还未达成共识，但对这种恐龙的飞行能力的研究表明，它身上的长羽毛一定是有用的。

尽管体形很小，但小盗龙是一种凶猛的捕食者。人们在不同的小盗龙标本体内发现了小型哺乳动物骨骼、鸟类骨骼、蜥蜴骨骼和鱼鳞。小盗龙并不专门捕食某一类猎物，而会捕食所有它能抓住的小型猎物。

小盗龙的羽毛化石也为古生物学家提供了更多关于它们外貌的细节。例如，小盗龙的尾巴末端有一列突出的小羽毛，这种羽毛在以前的恐龙中是从未见过的。古生物学家们还通过观察羽毛中携带色素的微小细胞器，确定小盗龙可能具有与乌鸦相似的深色带着虹光的外表。尽管小盗龙只是早期鸟类的远亲，但它也确实具有一些非常像鸟类的特征。

◆ **生物档案**
名称： 赵氏小盗龙
学名： *Microraptor zhaoianus*
命名年份： 2003年
时期： 早白垩世，1亿2000万年前
地点： 中国
身长： 0.7米
体重： 0.9千克
食物： 小型脊椎动物和昆虫
分类： 驰龙类

第158~159页图　古生物学家发现了多具小盗龙的骨骼标本，每具标本都保存了该恐龙不同部位的羽毛。这具标本包括很少见的尾羽，表明小盗龙除了前肢有长长的羽毛，还有尾部的扇状尾羽。

伶盗龙

在 1993 年之前，蒙古伶盗龙并不是一种著名的恐龙。最初，人们对它们的了解仅仅来自 1923 的蒙古科考时发现的一个头骨和一只爪子，伶盗龙的知名度并不高。然而，由于《侏罗纪公园》的大银幕改编，这种火鸡大小的恐龙立即成为了世人焦点——尽管真实的伶盗龙与好莱坞复原的伶盗龙的大相径庭[1]。

自人类首次发现伶盗龙以来，已经陆续发现了多个伶盗龙骨骼化石，使这种驰龙类恐龙成为最知名的物种之一。古生物学家甚至还发现了一只伶盗龙与一只原角龙搏斗的场景，当时这两只恐龙被同时埋葬，一起形成化石，这就是著名的"搏斗中的恐龙"化石标本。虽然伶盗龙的体形比其他驰龙类恐龙（如恐爪龙）小得多，身材也更纤细，但它仍然是一个出色的猎手。

伶盗龙生活在大约 7300 万年前白垩纪蒙古的沙丘之间。伶盗龙与原角龙、窃蛋龙和其他几种著名恐龙生活在一起，沙丘的突然坍塌至少让我们对它们的近亲——伶盗龙有了更多认识。

伶盗龙是少数有直接证据显示它们是身披羽毛的驰龙类恐龙。大部分情况下，恐龙是否有羽毛，是通过亲缘关系研究判定的。但是，古生物学家不仅发现了伶盗龙的骨骼化石，也在其前臂骨骼上发现了一排小的骨质突起，这就是羽茎瘤，是前臂上羽毛的固着点。这一发现毫无疑问地证明了伶盗龙身披浓密羽毛，它的近亲——其他驰龙类应该也长着很多羽毛。

---

1 译注：影片中为追求娱乐效果，中文改译为迅猛龙。

生物档案

名称：蒙古伶盗龙

学名：*Velociraptor mongoliensis*

命名年份：1924年

时期：晚白垩世，7300万年前

地点：蒙古国

身长：2.1 米

体重：18.1 千克

食物：小型恐龙和其他脊椎动物

分类：驰龙类

几十年来，伶盗龙脚上巨大的"杀人爪"一直困扰着古生物学家。在一些人看来，这些爪子似乎适合划破猎物的腹部或喉咙。还有人推测，这些恐龙将爪子作为爬树的工具，尽管伶盗龙并没有生活在森林茂密的环境中。事实上，伶盗龙和其他驰龙类恐龙更有可能用爪子按住或控制猎物，就像今天一些鸟类中猛禽的脚爪用法一样。

　　伶盗龙很可能在夜间沙漠凉爽的时候开展捕猎。对一些标本中保存的虹膜骨的研究表明，这种恐龙在弱光下有很好的视力。

　　伶盗龙不会拒绝免费的大餐。一具原角龙尸骨上有伶盗龙咬过的痕迹，但这些骨头表明原角龙在被咬时似乎已经死亡，并暴露一段时间了。

　　在白垩纪的世界里，最好的食物就是唾手可得的食物。

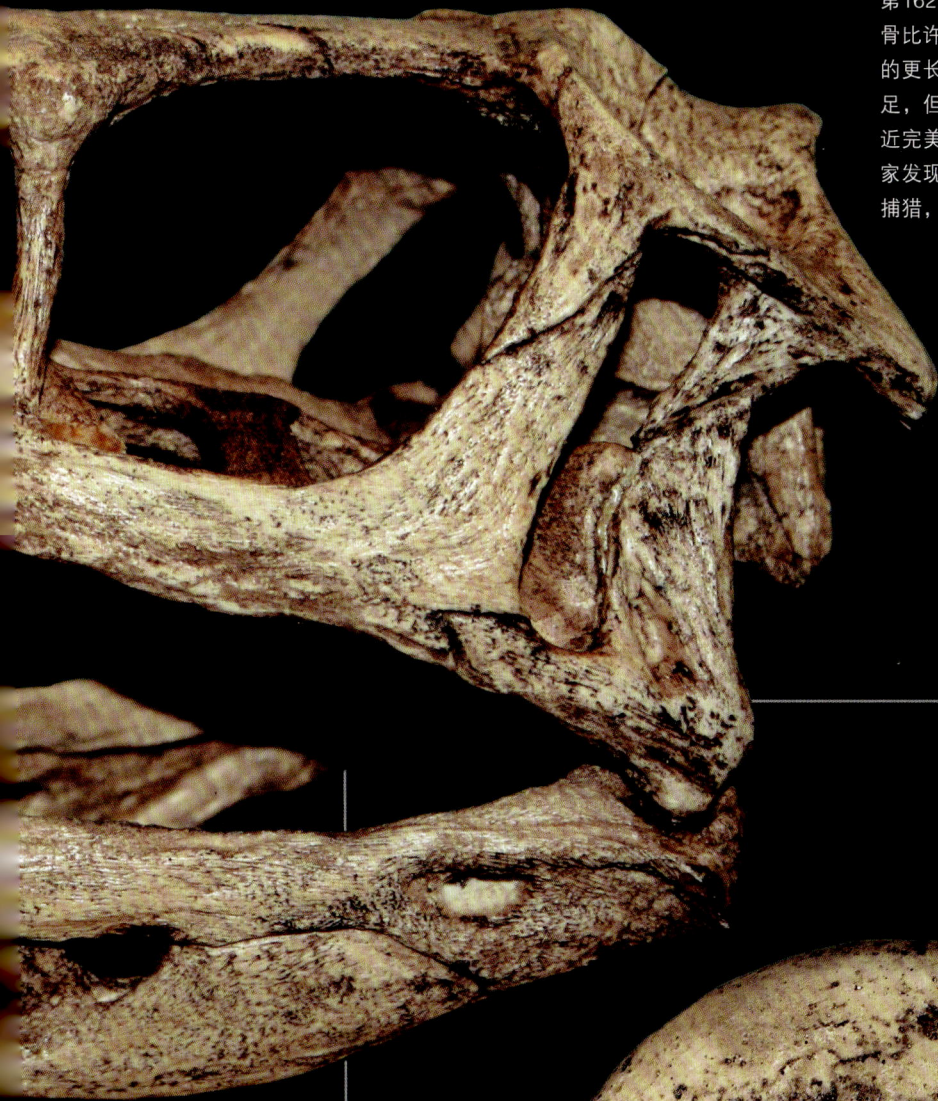

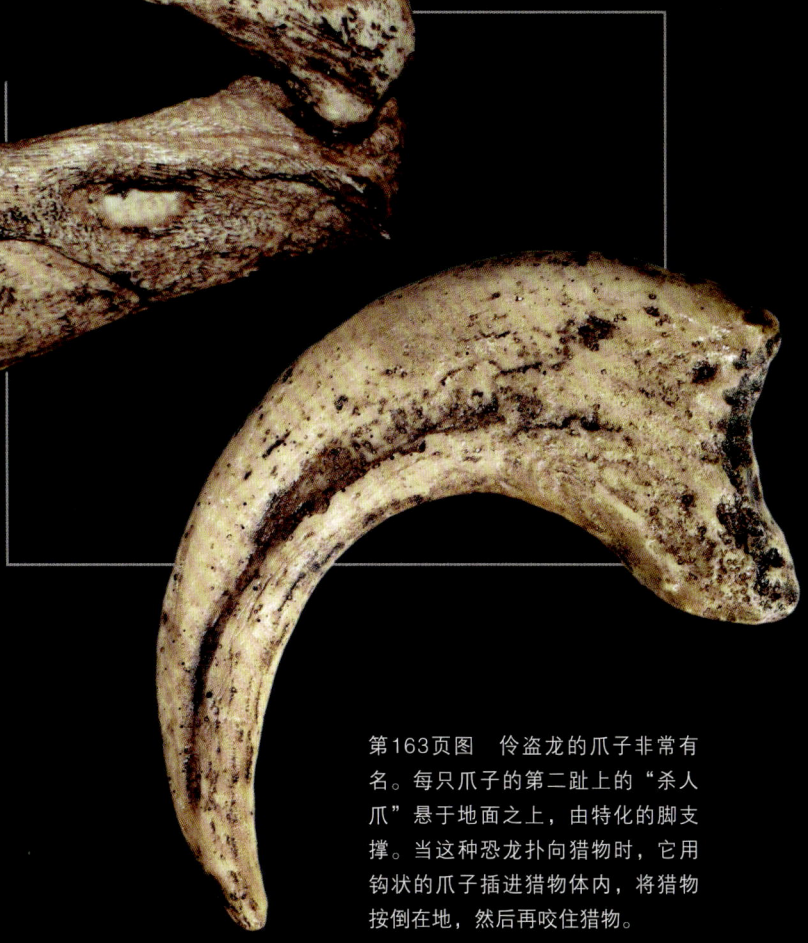

第163页图　伶盗龙的爪子非常有名。每只爪子的第二趾上的"杀人爪"悬于地面之上，由特化的脚支撑。当这种恐龙扑向猎物时，它用钩状的爪子插进猎物体内，将猎物按倒在地，然后再咬住猎物。

驰龙

    大约 6900 万年前，加拿大阿尔伯塔地区的古老森林里到处都是食肉恐龙。有些如蛇发女怪龙，是食肉巨兽，也是当时的顶级掠食者；但也有一些体形较小的掠食者在白垩纪的林地中穿行。其中就有阿尔伯塔地区独有的阿尔伯塔驰龙，它们也是科学家们最早发现的驰龙类恐龙。

    1914 年，人们在加拿大阿尔伯塔省的红鹿河畔发现了第一个驰龙的化石。在这些骨头中包括一个小型食肉恐龙的部分头骨、颅骨和下颌。然而，整只恐龙的具体形象却是个谜。驰龙类的化石非常罕见，通常只有零星的骨骼碎片或者牙齿。古生物学家是在发现了驰龙的近亲之后，才意识到驰龙实际上是一种类似于伶盗龙和恐爪龙的恐龙中的"猛禽"。

    尽管名字与它所属的类别——驰龙类同名，但驰龙却不是最典型的驰龙类。许多驰龙类成员的头骨都比较细长，看起来体形苗条轻盈；但驰龙的头骨较深，看起来更加粗壮。这可能是生态学家所说的"生态位分化"导致的，也就是同一环境中的动物进食不同的食物、行为也不同，从而能够共存在一个栖息地。

    驰龙比暴龙类的蛇发女怪龙体形小得多，但比其他一些小型食肉动物更强壮，更有能力对付挣扎的猎物。解剖学上的差异表明，驰龙捕猎的是中小型猎物，而暴龙类捕杀的是大型猎物，其他食肉动物捕杀的是小型脊椎动物。驰龙的强壮体形可能揭示了这类恐龙是适应当时远古生态系统的。

生物档案

名称： 阿尔伯塔驰龙

学名： *Dromaeosaurus albertensis*

命名年份： 1922年

时期： 晚白垩世，6900万年前

地点： 加拿大阿尔伯塔

身长： 1.8米

体重： 14.9 千克

食物： 蜥蜴、哺乳动物和小型脊椎动物

分类： 驰龙类

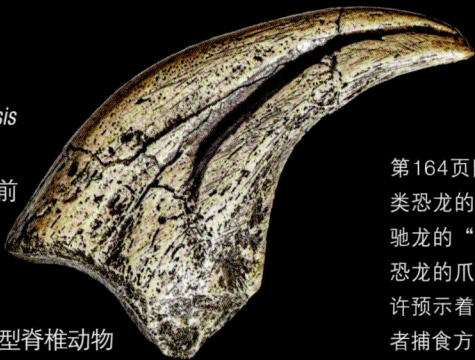

第164页图　不同种类的驰龙类恐龙的爪子形状各不相同。驰龙的"杀人爪"比恐爪龙等恐龙的爪子更短而粗壮，这或许预示着它们对猎物的喜好或者捕食方式不同。

斑比盗龙

恐龙以其巨大的体形而闻名于世。最大的恐龙往往最有名。但恐龙成功的原因还包括很多较小型的恐龙物种与比它们大得多的亲戚一起繁衍生息，这些小恐龙就像生活在大恐龙的脚下。费堡氏斑比盗龙就是这些中生代小型恐龙的一种，尽管它相对较小，但仍然是恐龙时期重要的一员。

迄今为止，还没有人真正知道斑比盗龙的具体体形。唯一被描述的化石来自一只幼年个体，它大约有 0.9 米。成年恐龙的体形可能与伶盗龙或驰龙相当，体长大约是幼体化石的两倍。尽管如此，斑比拉龙显然是一个小型猎手，在白垩纪的古老森林中追猎更小的猎物。

从古生物学家目前掌握的情况来看，斑比龙是一个灵巧的猎手。一项研究对比了斑比盗龙的前肢和比它大得多的恐龙的前肢，发现斑比盗龙的手指和手臂足够灵活，可以用前肢抓住小的猎物，然后用牙齿咬住——就像现代的鹰先用爪抓住猎物，再用嘴撕咬一样。许多食肉恐龙都无法将前肢伸到嘴边，甚至视野中无法看到自己前肢的运动，因此这种能力似乎是斑比盗龙所特有的。

像斑比盗龙这样的小型恐龙的化石是很罕见的，原因不止一个。这和化石的形成过程有关。小型动物的尸骸很容易被食腐动物吃掉，这意味只有特殊情况下，小型恐龙的尸体才会在完全腐烂或被吃掉之前被沉积物覆盖，进而保存成化石。在化石保存过程似乎有个更容易保留的体形范围，像大型霸王龙、鸭嘴龙、角龙和其他大型恐龙，就有更大的机会在被吃掉或腐烂之前被埋藏成为化石。

其次与古生物学的历史有关。在这个领域早期的大部分历史中，专家们都在寻找他们能找到的最大、最令人印象深刻的化石，以丰富纽约、芝加哥和匹兹堡等地博物馆的收藏类别。古生物学家们有时只收集头骨，而把身体的其他部分留下。体形较小的恐龙不仅更稀有、更难找到，而且它们也不像大型、奇特的恐龙那样吸引博物馆里的参观者的目光。

然而现在，古生物学家们正在寻找这些小型恐龙。研究人员需要通过对斑比盗龙等小型恐龙的生活的研究，更加全面了解中生代的生物。小型恐龙正逐渐成为人们关注的焦点。

生物档案

名称： 费堡氏斑比盗龙

学名： *Bambiraptor feinbergi*

命名年份： 2000年

时期： 晚白垩世，7200万年前

地点： 美国蒙大拿州

身长： 0.9米

体重： 1.8千克

食物： 小型脊椎动物和昆虫

分类： 驰龙类

细爪龙

驰龙类并不是中生代唯一一类"猛禽"。还有另一类如"猛禽"一样的恐龙，它们身形更纤细，牙齿更小，但脚爪也是"杀人爪"。它们就是伤齿龙类，最有名的伤齿龙可能就是不等细爪龙。

古生物学家们花费了很长时间才了解到细爪龙是什么样的动物。因为长久以来它们都被误归入了伤齿龙属（一个小分类）里面。而在20世纪早期，根据一些牙齿化石，古生物学家们命名了伤齿龙。但恐龙的牙齿很难用来分类。这也是为什么肿头龙类早期也被归入伤齿龙属，1932年命名的细爪龙身体化石很接近那些曾经被归入伤齿龙属的化石。这个情况让专家们陷入了一个困境，因为细爪龙的化石要远比那些被归入伤齿龙的化石更完整。

在当时，古生物学家们甚至不确定伤齿龙属是否为一个有效的学术名称。当时被认为属于伤齿龙这种纤细猎手的化石，实际上是细爪龙的化石。这种小恐龙是纤细的猎手，它们和暴龙这样的顶级掠食者生活在同一环境，但主要以小型猎物为食。细爪龙身上覆盖着羽毛，身长可达2.4米，5岁左右成年。

像细爪龙这样的小型捕食者要比驰龙有更小的牙齿和爪子，也因此这些纤细的恐龙更倾向捕猎小型猎物，它们更接近杂食动物而不是严格的食肉动物。细爪龙有很大的眼睛，因此这种小猎手可能主要在夜间活跃，这也是小型哺乳动物和昆虫活跃的时候，细爪龙可能会选择在顶级掠食者休息的时候捕猎进食。

生物档案

名称： 不等细爪龙

学名： *Stenonychosaurus inequalis*

命名年份： 1932年

时期： 晚白垩世，7500万年前

地点： 北美洲西部

身长： 2.4米

体重： 40.8千克

食物： 蜥蜴和其他小型脊椎动物

分类： 伤齿龙类

南方盗龙

有一种发现于南美洲的奇异驰龙类分支，被称为半鸟类（unenlagiinae），这些盗龙们有着很长的吻部，上面长满细小的牙齿。卡氏南方盗龙是这类恐龙中体形最大的。

2008 年发现的南方盗龙体形可以与犹他盗龙相媲美。然而南方盗龙的体形相对纤细，头骨又长又窄。南方盗龙有在驰龙里面显得非常粗短的、类似异特龙的前肢，而不像其他驰龙类近亲那样纤细。

没人知道南方盗龙喜欢什么猎物。也许古生物学家们需要看看它的胃容物才能确定其食性。但是南方盗龙的解剖学研究显示，这种驰龙类似乎和其他同体形的都很不一样。它们的牙齿是相对简单的锥形，类似雪糕华夫桶一样的牙齿，更接近以鱼类为食的恐龙，因此这种带羽毛的恐龙可能主要捕食滑溜溜的猎物，就像一个巨大的鱼鹰。

南方盗龙巨大的体形也是一个谜。这种恐龙能变得如此巨大可能是其他肉食恐龙暂时变少了，就像犹他盗龙的情况一样。在晚白垩世的南美洲，最大的食肉动物是鲨齿龙类的南方巨兽龙和阿贝利龙类的角鼻龙。但这些巨型捕食者在南方盗龙生存的时候，好像都消失了，而在这个时候驰龙类好像体形比阿贝利龙类还要大一些。这种在竞争上的突破，可能是这种恐龙有远超同类恐龙体形的原因。

生物档案

名称： 卡氏南方盗龙

学名： *Austroraptor cabazai*

命名年份： 2008年

时期： 晚白垩世，7500万年前

地点： 阿根廷

身长： 4.8米

体重： 204.1千克

食物： 小型脊椎动物

分类： 驰龙类

蜥鸟盗龙

    驰龙类成员的身形各异。有些体形大得惊人，一度取代了暴龙类和棘龙类的生态位。但也有很多是体形小巧、长着羽毛的猎手，它们靠捕猎哺乳动物和蜥蜴等小型动物生存。蓝斯顿氏蜥鸟盗龙就是其中一员，它是白垩纪晚期北美洲的一种体形轻巧、行动敏捷的猎手。

    蜥鸟盗龙是一种相对较新发现的恐龙，尽管科学家早在 1974 年，就于加拿大阿尔伯塔省发现了第一个已知的蜥鸟盗龙骨骼化石。该省还发现了其他小型恐龙，而且年代也差不多，但蜥鸟盗龙的骨骼却与众不同。截至目前，在北美洲西部和东部的岩层当中都发现了这种恐龙的化石。这些骨骼是否都代表了同一个物种尚不清楚，但目前看来，蜥鸟盗龙是一种存在时间长，且广布北美洲的驰龙类恐龙。

    它们的牙齿适合"穿刺和拉扯"的进食方法。这种进食方法是指恐龙弯曲而带锯齿的牙齿插入肉中，然后通过颈部肌肉将向后拉头部，用牙齿切开肌肉或内脏。像细爪龙这样的恐龙可能只能吃尸体最柔软的部分，而蜥鸟盗龙却能更好地将腐肉切割成易于进食的碎片。

    蜥鸟盗龙有时也会成为猎物。在阿尔伯塔省发现的这种恐龙的一个骨骼化石上，有一处被更大的恐龙咬过的痕迹。最有可能的罪魁祸首是暴龙类，如蛇发女怪龙或惧龙。在到处都是恐龙的晚白垩世的世界里，即使是最灵敏、最狡猾的食肉动物也不得不小心翼翼。

生物档案

名称： 蓝斯顿氏蜥鸟盗龙

学名： *Saurornitholestes langstoni*

命名年份： 1978年

时期： 晚白垩世，7500万年前

地点： 北美洲

身长： 1.8米

体重： 9.9千克

食物： 蜥蜴和其他小型脊椎动物

分类： 驰龙类

哈兹卡盗龙

数百万年来，生活在世间的多数长着羽毛的驰龙类一直以蜥蜴、哺乳动物和其他小型陆地猎物为食物。但是，古生物学家最近发现，有些驰龙并不符合这一经典印象。艾氏哈兹卡盗龙可能就相当于这个家族里面的鸭子。

这种小型恐龙化石几经波折才引起古生物学家的注意。唯一已知的化石是从蒙古国以非正规途径得来的，化石几经转手，直到2015年古生物学家们才得以一睹其真容。科学家们获得这个化石后，对其进行了研究，并将其送回了它的故乡蒙古国。这是一只与以往任何恐龙都不同的独特恐龙。

哈兹卡盗龙的一切都很奇特。这种恐龙独特的特征包括：大量长而弯曲的牙齿紧密地排列在它狭窄的上下颌中；前肢看起来有点像鳍状，可能表明这种恐龙会经常在其栖息地的湖泊中划水游泳。

虽然有些恐龙专家认为，哈兹卡盗龙更像是早期驰龙类的孑遗，但目前的主流观点认为，这种恐龙在晚白垩世快速特化而来，并很好地适应了类似鸭子的生存环境。事实上，这种恐龙的解剖结构很像名为秋沙鸭的现生鸭子。虽然哈兹卡盗龙仍可以在陆地上行走、筑巢和捕猎，但这种恐龙应该更喜欢在水中活动，它宽大的脚掌能帮它更好地追逐水面上的昆虫和其他小猎物。

生物档案

名称： 艾氏哈兹卡盗龙

学名： *Halszkaraptor escuilliei*

命名年份： 2017年

时期： 晚白垩世，7300万年前

地点： 蒙古国

身长： 0.6米

体重： 1.3千克

食物： 小鱼和昆虫

分类： 驰龙类

火盗龙

　　古生物学家对驰龙类的了解主要来自北美洲和亚洲的化石。这些大陆环境特别适宜保存驰龙类化石。但这并不意味着其他地方就没有驰龙类恐龙。2000年，古生物学家宣布在法国东南部发现了一种罕见的驰龙类恐龙。这次发现仅包括几个骨骼化石，这个物种被命名为奥林匹斯火盗龙。

　　火盗龙名称原意是"盗火者"，不过这种恐龙并不会像神话中的普罗米修斯那样盗取火焰。这只恐龙的化石是在1992年的一场森林大火之后发现的，大火烧毁了一些掩盖化石的地表植被。目前古生物学家发现的化石证据并不多。最初的发现包括一些爪子、牙齿和少量的零碎骨头。古生物学家在西班牙的另一个地点发现了更多的化石，但这种恐龙身体的大部分解剖结构仍然不为人知。

　　火盗龙如此难以捉摸的原因还有很多。不仅因为这类恐龙一直很稀少，也因为通过化石发现的栖息地并不是驰龙化石常见的保存地。虽然说可能还有化石尚未被发掘出来，但发现火盗龙的岩层相关区域大部分已经找不到具体位置，或者难以再次进入。在很多时候，古生物学家们无法发现一种恐龙身上的每一块骨头。为了填补这些知识空白，研究人员就会参考有着更加完整骨骼化石的近亲物种。尽管目前发现的火盗龙化石很少，但古生物学家们依然认为这类驰龙是有羽毛的，可能主要捕猎小型猎物，且外貌长得接近蜥鸟盗龙或者伶盗龙。如果足够幸运的话，未来也许会有更多发现来帮助恐龙专家们验证这些猜想是否正确。

生物档案

名称： 奥林匹斯火盗龙
学名： *Pyroraptor olympius*
命名年份： 2000年
时期： 晚白垩世，7000万年前
地点： 欧洲西部
身长： 1.5米
体重： 18.1千克
食物： 小型脊椎动物
分类： 驰龙类

南半球的爬行动物

在古生物学研究历史的前半段，古生物学家们主要在北半球挖掘恐龙。科学的主要学术中心在西欧和美国，古生物学家们在离家相对较近的地方就发现了很多奇怪的新动物。但是，随着古生物学的发展，世界其他地区的恐龙专家开始在南美洲、非洲、澳大利亚甚至南极洲搜寻恐龙化石，他们发现人们熟悉的北半球的恐龙并非遍布全世界。南半球生活着形态与大小各异、独特且令人印象深刻的恐龙。即使是恐龙大家族的分布也有区别，在各大洲的演化过程也大相径庭。

南半球的恐龙之所以如此不同，很大一部分原因是大陆漂移。在三叠纪的泛大陆（盘古大陆）时期，恐龙可以在地球的陆地上漫游。由于大陆的连接，恐龙可以在广阔的区域内迁徙和活动，因此不同地方的恐龙物种差异不大。但在侏罗纪和白垩纪，这块大陆板块分崩离析，逐渐漂移到新的位置。其中最重要的一次分裂将大陆分成南北两块，即北方的劳亚古陆和南方的冈瓦纳古陆。

虽然板块是不断运动的——至今依然如此，但南北大陆的分裂是恐龙演化过程中重要的事件。例如，早期的暴龙类生活在北半球，随着时间的推移，暴龙类成为古代北美洲和亚洲生态系统中的主要食肉动物；但在与北半球隔绝的南半球，异特龙的近亲鲨齿龙类繁殖非常快，占据了南半球顶级掠食者的位置，一直持续到了白垩纪末。同时间内，角鼻龙类的近亲阿贝力龙类也在演代历史上留下了浓重的一笔。这些差异不只是物种的不同，而是整个生态群落的不同。从某种程度上说，南半球是侏罗纪时期形成的恐龙家族的一种延续，而北半球则出现了霸王龙和角龙等新的演化支系。

我们对南半球的许多恐龙才刚刚有所认识。有些恐龙，如鲨齿龙和棘龙，是在近100年前首次被发现的，但直到最近才终于发现了完整化石。还有一些恐龙，如牙齿带着锯齿的恶龙，是完全出乎人类的意料的全新发现。恐龙的故事是一个全球性的故事，而来自南半球的恐龙化石将是填补伟大恐龙史诗中的关键。

鲨齿龙

第182~183页图　收集到的第一批鲨齿龙化石在第二次世界大战的一次轰炸中被毁，但此后又发现了更多化石。其中有一个几乎完整的鲨齿龙头骨，它与异特龙的头骨非常相似。

● 生物档案

名称： 撒哈拉鲨齿龙

学名： *Carcharodontosaurus saharicus*

命名年份： 1925年

时期： 晚白垩世，9500万年前

地点： 北非

身长： 12.1米

体重： 9吨

食物： 其他恐龙

分类： 鲨齿龙类

大约9500万年前，在现在的非洲北部，生活着有史以来最大的食肉恐龙。这种顶级掠食者被命名为撒哈拉鲨齿龙，其体形可与霸王龙媲美。

鲨齿龙与著名的霸王龙是完全不同的猎手。这种恐龙所属的鲨齿龙家族是侏罗纪异特龙近亲，它们不像霸王龙那样有碾碎骨骼的咬合力。相反，鲨齿龙的嘴里长满了锋利、略微弯曲的牙齿，最适合切割性的撕咬。比起骨头，这些恐龙更适合撕扯和进食鲜肉。

鲨齿龙和异特龙很类似，它们都和巨型蜥脚类恐龙一起生活。这些长颈的食植恐龙可以长到非常巨大，远比鸭嘴龙和甲龙类骨骼上附着更多肌肉。在这个生态环境里面，可以切割皮肤和肌肉的牙齿是更好的进食工具。

　　鲨齿龙也有非常强壮的脖子。这种恐龙可以叼起超过半吨的动物。所有恐龙出生的时候都很小，鲨齿龙一定是所有幼年恐龙的梦魇。

棘龙

生物档案

名称：埃及棘龙

学名：*Spinosaurus aegyptiacus*

命名年份：1915年

时期：晚白垩世，9500万年前

地点：北非

身长：13.7 米

体重：13.6 吨

食物：鱼类和小型恐龙

分类：棘龙类

发现霸王龙后的几十年的时间内，霸王龙曾被认为是最大的食肉恐龙。但后来，古生物学家发现了一种更大的兽脚类恐龙。埃及棘龙于1912年被发现，1915年被命名，其体长超过12米，体重超过10吨。然而，这种恐龙与霸王龙、鲨齿龙等其他巨型掠食者截然不同。棘龙是一种适应生活在远古河流、湖泊沿岸的恐龙。

古生物学家在1912年于埃及西部发现了第一个棘龙化石。古生物学家当时就发现这种恐龙很奇怪。它有一个修长的颌部，上面长着锥形的牙齿，脊椎上长着很长的棘。这些特殊的脊椎骨让这只恐龙得名"棘龙"，这些巨大的棘可能可以展开一张大帆。

几十年来，没有人知道棘龙身体其他部位的样子。也很少发现类似的恐龙。但在 20 世纪 80 年代，一种叫作沃氏重爪龙（*Baryonyx walkeri*）的恐龙的发现，改变了这个情况。这种恐龙也有一个长长的、像鳄鱼一样的吻部，而且与棘龙的其他一些特征也很相似。这种来自埃及的食肉恐龙并不纯粹是一只背部长了帆的异特龙，而是一

种更加奇怪的恐龙。

关于棘龙的长相和行为方式的争论仍在继续。当时还没有发现这种恐龙的完整骨骼，因此我们对棘龙的了解主要来自几个零散保存的化石和对其他物种的参考。而现在，21世纪初的一些新的发现证明了棘龙有比较短的腿、宽阔的脚。这可能有助于这种动物在烂泥地中行走。

此外，科学家还发现棘龙的骨骼非常致密。这可能是为了适应长时间在水中的生活，这种情况也出现在海牛和早期鲸身上。较厚的骨骼让动物更容易获得中性浮力，可以更好地适应两栖的生活方式。

古生物学家还不清楚棘龙能在水中待多久。

最近发现的一条长长的、桨状的尾巴说明这种恐龙是一个熟练的游泳者。不过，用计算机建模进行的运动实验也表明，棘龙在水中游动可能并不是特别熟练，泳姿也谈不上优美。

这只恐龙可能相当长的时间都在水里狩猎，捕捉巨型腔棘鱼和其他鱼类，但古生物学家也在讨论这种巨型恐龙是否会经常上岸捕猎。

第188~189页图　古生物学家仍希望找到棘龙的完整骨骼。到目前为止，古生物学家们已经发现了头骨、腿部和臀部、背帆和尾部位置的化石。棘龙的足部化石，表明这种恐龙适应在泥泞或松软的地面上行走。

野猪鳄

如今的鳄鱼都是水陆两栖的食肉动物。这种蹲伏的爬行动物大部分时间都在水边等待猎物。但在中生代，许多鳄鱼完全生活在陆地上。其中有一种叫撒哈拉野猪鳄的大型鳄鱼，它们曾在9700万年前的尼日尔大地上追逐猎物。

迄今为止，唯一的野猪鳄化石是一个几乎完整的头骨。根据其他鳄鱼的比例，专家估计野猪鳄的身长约为6米，和尼罗鳄差不多大。不过，真正让野猪鳄与众不同的是它的牙齿。

野猪鳄因其下颌长有獠牙状的牙齿而得名。除了口中成列的较小牙齿外，野猪鳄有3对长长的獠牙。

这些"獠牙"扁平，更像刀刃一样，更类似于一些食肉恐龙的牙齿。此外，这种鳄鱼的眼窝比其他史前鳄鱼和现生鳄鱼的眼窝更靠前。这表明野猪鳄至少有部分视野具有远近知觉，使这种食肉动物能够更好地判断与猎物的距离。

甚至下颌的构造也暗示着野猪鳄的与众不同。这种鳄鱼的颌骨后部相对较长，让上下颌可以快速、较大幅度开合。吻部的前段，也体现出一定程度的骨质增强，应该是为了适应和承受猎物的剧烈挣扎。尽管野猪鳄的具体食性尚不明确，但头骨形态表明它们无疑是恐怖的捕食者。

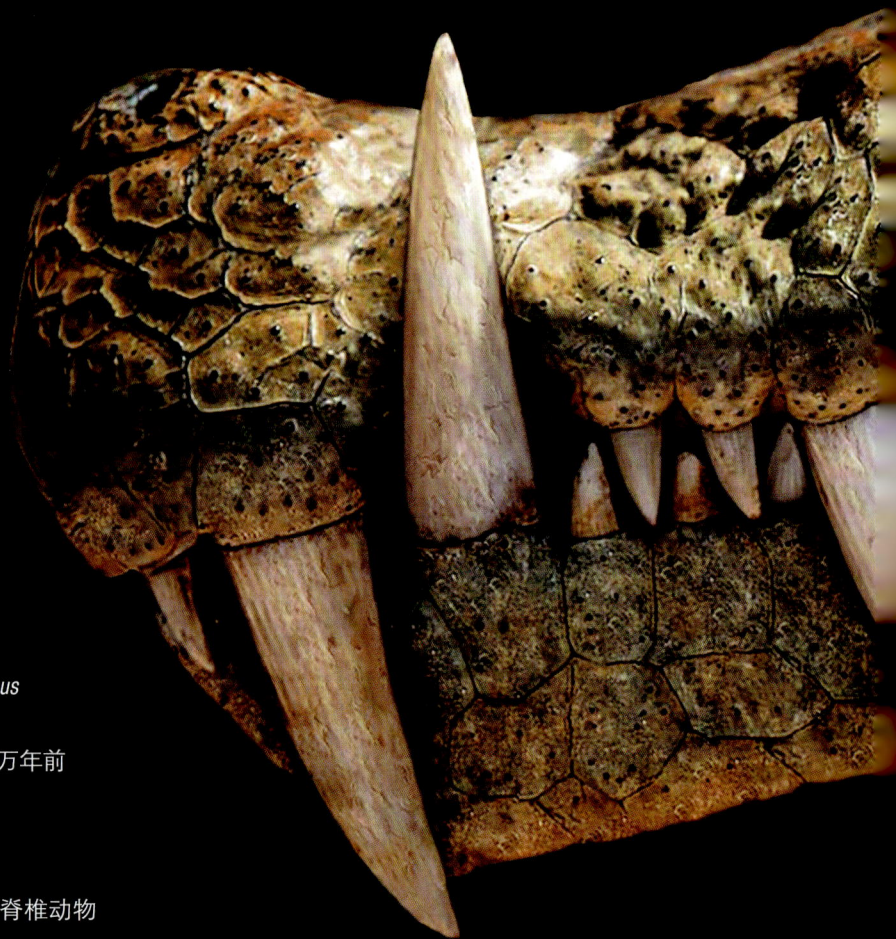

生物档案

名称： 撒哈拉野猪鳄

学名： *Kaprosuchus saharicus*

命名年份： 2009年

时期： 晚白垩世，9700万年前

地点： 尼日尔

身长： 6米

体重： 907千克

食物： 小型恐龙和其他脊椎动物

分类： 马任加鳄类

恶龙

　　7000 多万年前，在马达加斯加岛上，生活着一种牙齿非常奇怪的小型食肉恐龙。这种小型食肉恐龙被命名为诺弗勒恶龙，这种恐龙的牙齿并不适合碾压或切割猎物。相反地，这种恐龙的牙齿朝向前方，似乎更适合在晚白垩世的森林当中捕捉鱼类和昆虫。

　　与其他食肉恐龙相比，恶龙的牙齿和下颌有两点不同。首先是牙齿外翻，或者说在颌部前侧嘴外侧伸出。这种特征是捕捉灵活或光滑猎物的猎手经常具有的牙齿特征。其次，恶龙的牙齿是异型齿，也就是口中的牙齿有不同形态。这些证据说明，恶龙与白垩纪的大多数小型食肉动物不同，可能会捕猎完全不同的食物。

　　在恐龙的大家庭中，恶龙属于西北阿根龙类。这些不太起眼的恐龙是角鼻龙的远亲，但它们在白垩纪走上了一条截然不同的道路。角鼻龙类的一些亲戚变成了大型食肉动物，身上长满骨质装饰，就像食肉牛龙；而另一演化支则变得体形很小，生活方式也完全不同，有的甚至变成了食植动物或者以鱼类为食。

　　在晚白垩世，恶龙生活在岛屿洪积平原的森林里。它们的邻居也很奇特。在同一个地层当中，还发现了大型食肉恐龙玛君龙和长颈食植动物掠食龙，同时也发现了巨大的蛙类恶魔角蛙（*Beelzebufo*），和有如鸟龙的胁空鸟龙（*Rahonavis*）。在这个生物体形各异的地方，恶龙演化出了以鱼类为食的特殊食性。

生物档案

名称： 诺弗勒恶龙

学名： *Masiakasaurus knopfleri*

命名年份： 2001年

时期： 晚白垩世，7000万年前

地点： 马达加斯加

身长： 1.8米

体重： 68 千克

食物： 鱼类、昆虫和小型脊椎动物

分类： 西北阿根廷龙类

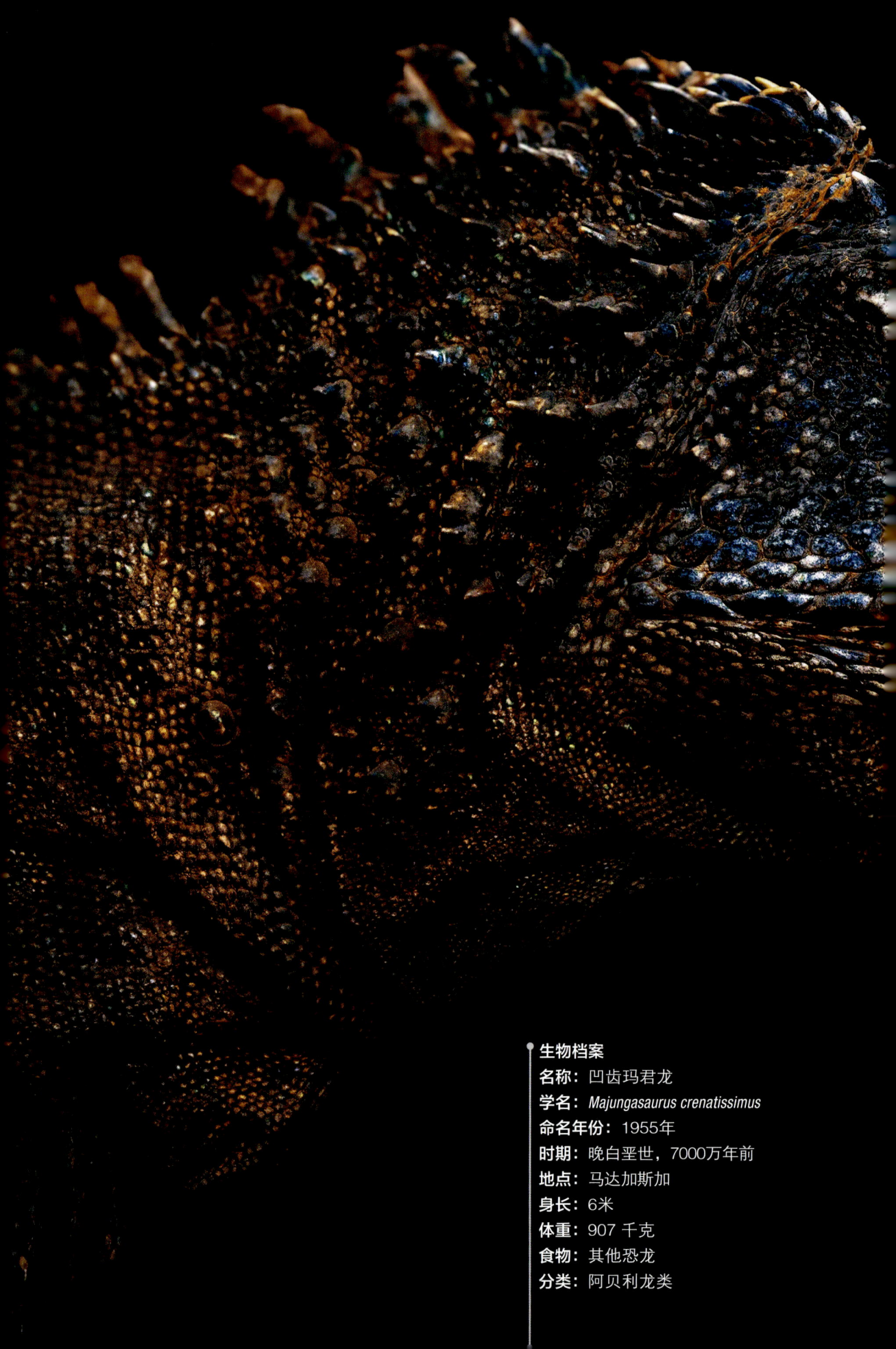

名称： 凹齿玛君龙

学名： *Majungasaurus crenatissimus*

命名年份： 1955年

时期： 晚白垩世，7000万年前

地点： 马达加斯加

身长： 6米

体重： 907 千克

食物： 其他恐龙

分类： 阿贝利龙类

玛君龙

许多恐龙群落都有顶级掠食者。在晚白垩世的马达加斯加，这种掠食者就是凹齿玛君龙，它是食肉牛龙的近亲，但有独特的头部装饰结构。

玛君龙最早发现的骨骼化石就是它圆顶状的头骨，在被发现的时候，古生物学家甚至将其错认成了肿头龙类的头骨。但后来随着更多化石的发现，科学家才意识到这个圆顶实际上是这种大型肉食恐龙头上的一个角。

玛君龙已经演化得和暴龙类非常类似了。这种食肉恐龙有着深厚的颌部和粗壮、长满装饰性突起的头骨。玛君龙的前肢相对于它们硕大的体形，可说是非常短小。这种恐龙的手臂又短又粗、活动能力很差，末端长着4根没有爪子的手指。这些短小前肢可能已经失去了功能，毕竟玛君龙主要靠血盆大口捕猎，而前肢只要不碍事即可。

目前我们对玛君龙的食性知之甚少。这种恐龙上下颌咬合力很强，但是却没有暴龙类那种可以咬碎骨头的牙齿。一些古生物学家认为玛君龙可能会持续咬住猎物，直到猎物失血休克。

玛君龙的主要猎物可能是同一环境内的蜥脚类恐龙、掠食龙。但这并不意味着玛君龙会错过白白送上门的恐龙尸体。许多玛君龙的骨骼化石上都保存着来自其他玛君龙的牙齿咬痕。这些恐龙可能会互相残杀，并吃掉地面上一切可发现的肉。

食肉牛龙

1984 年，阿根廷的古生物学家发现了一具几乎完整的恐龙骨架。看到这个化石，它的学名就跃然纸上。这只恐龙的两只眼睛上各有一只侧向的角，就像公牛的角一样，于是研究人员将这种恐龙命名为萨氏食肉牛龙。

尽管食肉牛龙的名气很大，但实际上这种恐龙仅发现了一具骨架。幸运的是，这具骨架几乎是完整的，甚至还包括身体四周的皮肤印痕。食肉牛龙身长超过 7.5 米，可能是该栖息地中的顶级猎手。

食肉牛龙独特的角引发了古生物学家们大量的猜测。有些专家认为这种角可能是用来捕猎的，也可能像大角羊用头撞击敌人。但也有可能，这些角主要是用在食肉牛龙种内的斗争当中，也可能主要是一种装饰。

这种恐龙的皮肤表面也有装饰结构。化石的表面印痕显示食肉牛龙身上长着小鳞片，就像其他恐龙，还长着散布在身上的大型鳞片突起。没有人清楚具体原因，但是这种鳞片排列方式可能会让恐龙可以更好地排出体内热量，降低体温。

生物档案

名称：萨氏食肉牛龙

学名：*Carnotaurus sastrei*

命名年份：1985年

时期：晚白垩世，7000万年前

地点：阿根廷

身长：7.6米

体重：1.5吨

食物：其他恐龙

分类：阿贝利龙类

第196页图 迄今为止，古生物学家只发现了一个萨氏食肉牛龙的骨骼化石。尚不清楚这种恐龙的化石为何如此罕见，也许和古环境或者埋藏它们的岩石有关。

翼龙类

恐龙并不是中生代唯一繁盛的爬行动物。在中生代的陆地、海洋和天空都有各种类型的蜥形类动物在繁衍生息，如徜徉在大海中长着 4 个鳍状肢的蛇颈龙，在树上爬行的奇特的镰龙类等。在这些动物当中，翼龙类作为第一种能够飞行的脊椎动物，很难被忽视。

翼龙与恐龙有很多共同之处，但又很不相同。翼龙和恐龙的共同祖先出现在 2 亿 4000 多万年前的早三叠世，属于一类叫作鸟颈类的爬行动物。人们最近在马达加斯加发现了一种叫作小型杀虫蜥（*Kongonaphon kely*）的小家伙，是目前已知最早的鸟颈类爬行动物之一。这种小型爬行动物小到可以站在你的手掌上，它们用两条腿走路，身上可能长满了绒毛。根据这种爬行动物的解剖结构，专家们认为杀虫蜥是一种食虫动物，它可能跳跃着追逐、捕猎甲虫和其他无脊椎动物，这种活跃、热血的生活方式被它征服陆地和天空的后代继承了下来。

就在恐龙开始统治大地的时候，翼龙也开始征服天空。到了晚三叠世，翼龙已经可以在空中飞翔。它们的翅膀与蝙蝠类似，由一根极长的第四指支撑。这根手指支撑着一层由皮肤形成的薄膜，使这类爬行动物能够起飞和继续飞行，这是重大的演化创新。

许多早期翼龙类都有牙齿。它们的牙齿为我们了解它们的食性提供了证据，这类生物食性广泛，从动物内脏到鱼类和贝壳都有。但在白垩纪，许多有牙齿的翼龙消失了，取而代之的是长着喙的翼龙。其中一些翼龙可以成长为体形非常惊人的个体，如翼龙类中体形最大的诺氏风神翼龙，光站在地面上就有长颈鹿那么高了。

专家们不确定为什么如此成功的翼龙最后会灭绝，尤其是当其他飞行动物——比如一些鸟类——能在白垩纪末期的小行星撞击后幸存下来。专家们推测翼龙类的巨大体形可能是其灭绝的原因之一。许多在这次撞击中幸存下来的动物，是因为它们可以躲在水中或者地底，躲避恶劣环境。但古生物学家们发现翼龙不会钻洞，而且体形过大，难以找到避难所。它们和很多恐龙一样，到生命最后的时刻都很繁盛，但也和霸王龙和三角龙一样，难逃灭绝的命运。

空枝翼龙

　　翼龙类是最早飞上蓝天的脊椎动物。这种有翅膀的爬行动物统治着中生代的天空，在空中飞翔。不过，虽然飞行在翼龙类的演化过程中一直起着重要作用，但这些爬行动物也有一部分时间是在地面上度过的，甚至有些种类更适合在地面上觅食，而不适合在飞行中捕捉猎物。瑞士晚三叠世的岩石中保存的雪沙柏娜峰空枝翼龙就是这样一种生物。

　　在翼龙家族的历史中，空枝翼龙是早期的成员之一。像大多数早期翼龙类一样，它长着牙齿而不是喙。实际上，翼龙的牙齿在当时甚至要比同时期的恐龙牙齿还要复杂。空枝翼龙牙齿上有多个齿尖，因此牙齿呈类似三叶草的形状。

　　古生物学家还没有发现关于空枝翼龙食性的证据，但从这种翼龙的解剖结构中可以找到一些线索。大多数翼龙的上下颌像剪刀一样，适合抓住猎物，而空枝翼龙的颌部更适合咀嚼。这种翼龙能更好地咀嚼树叶和咬碎昆虫的甲壳。不仅如此，空枝翼龙四肢较长，与在飞行中捕捉猎物相比，这种修长的四肢应该更适合在地面上觅食。

　　一直以来有关翼龙的研究面临着一个重大挑战，就是这类生物的化石太少。翼龙类的骨骼非常轻巧和脆弱，因此很难以化石形式保存下来，或者往往一个物种仅发现了一两根骨头。最初的空枝翼龙化石仅有一个破损下颌骨和几颗牙齿，但未来可能会发现更多化石。

　　在空枝翼龙被命名两年后，古生物学家命名了在瑞士发现的同一时期的另外一种翼龙——菲利苏尔莱提亚翼龙（*Raeticodactylus filisurensis*）。这只翼龙的化石保存了更多部位，包括头骨，表明这种恐龙头骨上有一个嵴。由于原始的空枝翼龙化石非常不完整，因此很难进行比较，但有些古生物学家认为这两种翼龙是同一物种——如果是这样的话，这两种翼龙都应该冠以空枝翼龙的学名。

生物档案

名称： 雪沙柏娜峰空枝翼龙

学名： *Caviramus schesaplanensis*

命名年份： 2006年

时期： 三叠纪，2亿500万年前

地点： 瑞士

翼展： 1.3米

体重： 10千克

食物： 昆虫和植物

分类： 空枝翼龙类

矛颌翼龙

巴斯矛颌翼龙的学名也非常清楚，看一眼化石就可以明白其中的意思。矛颌翼龙意思是"颌部像长矛一样"，这是因为这种侏罗纪翼龙的吻端有向前伸出的针状牙齿。

矛颌翼龙的特征代表了早期翼龙自三叠纪之后的一系列形态特化的加强过程。这种早侏罗世的飞行动物嘴里长满了牙齿，身后拖着长长的尾巴。但矛颌翼龙的头骨更长、更尖，掌骨也更长，类似于晚期翼龙。矛颌翼龙比早期翼龙更适合飞行，也会在飞行中捕食猎物。

迄今为止，已知的矛颌翼龙化石都是在远古海洋的海相沉积物中发现的。这是了解这种翼龙食性的主要线索。翼龙细长的牙齿似乎最适合捕捉小鱼或乌贼等光滑敏捷的猎物。这种翼龙应该不能在水上滑翔，而是会短暂俯冲到水面附近捕捉到小猎物后，然后就腾空而起。

不在进食捕猎而回到岸上休息时，矛颌翼龙可能会用四肢行走。古生物学家关于这一点争论了很久。一些研究人员认为早期翼龙可能用两足行走，它们身体后仰，中心靠近两腿之间。但是足迹和解剖学证据表明，翼龙在地面上时会折叠翼指，以四肢着地的方式走动。

四足行走也使翼龙能够更快地飞到天空中。翼龙从四肢着地的状态一跃起飞，身体向前伸展，用双臂把自己推离地面，然后张开翅膀开始拍打。就这样，矛颌翼龙几乎可以从任何表面起飞。

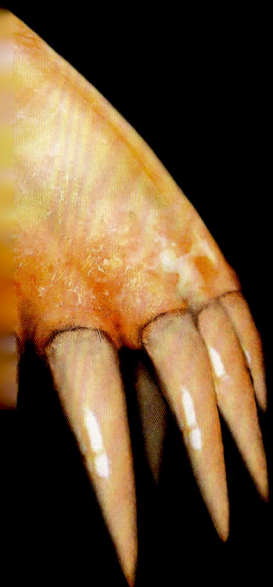

生物档案

名称： 巴斯矛颌翼龙

学名： *Dorygnathus banthensis*

命名年份： 1830年

时期： 早侏罗世，1亿8000万年前

地点： 德国

翼展： 1.5米

体重： 0.9千克

食物： 小鱼和无脊椎动物

分类： 喙嘴翼龙类

喙嘴翼龙

大约在 1 亿 5000 万年前，史前巴伐利亚的小岛上，天空中飞翔着各类爬行动物。其中一些是天空的新主人。印石板始祖鸟——最早的鸟就是其中一员。但当时，更多的飞行者是小型的翼龙，长尾喙嘴翼龙就是其中一员。

喙嘴翼龙在 1846 年被首次描述，是典型的早期翼龙。许多早期翼龙的体形都比较小、尾巴很长、嘴里长满牙齿——类似于更早一点的矛颌翼龙。但我们对喙嘴翼龙了解得更多，因为有更多喙嘴翼龙的骨骼化石保存下来，其中

一些保存了完整的软组织，连尾部末端的菱形舵状结构都清晰可见。

和始祖鸟一样，喙嘴翼龙生活的地方对其完美的特异埋藏也产生了不可忽视的作用。和早期鸟类一样，淹死的翼龙也会被冲进岛屿附近的潟湖，然后形成化石。一些喙嘴翼龙的化石显示它们被肚子里的鱼刺穿，说明它生前捕食的时候出了不小的"事故"。潟湖底部缺氧的环境让这些翼龙大部分细节都被保存下来。

巴伐利亚和其他地区发现了不同年龄阶段

的喙嘴翼龙化石。比如说，古生物学家从一些翼龙化石中发现，幼年的喙嘴翼龙吻端更短、眼睛更大，牙齿也比较尖细；随着这种翼龙的成长，它们吻端变得更长，牙齿变得粗短，这可能说明它们的食性也随之变化了。这种变化发生得很快。刚孵化出的翼龙生长很快，很快就能飞行了。而当它们飞向天空之后，生长速度就放缓了。

生物档案

名称： 长尾喙嘴翼龙
学名： *Rhamphorhynchus longicaudus*
命名年份： 1846年
时期： 晚侏罗世，1亿5000万年前
地点： 德国
翼展： 1.8米
体重： 0.9千克
食物： 小鱼和小型无脊椎动物
分类： 喙嘴翼龙类

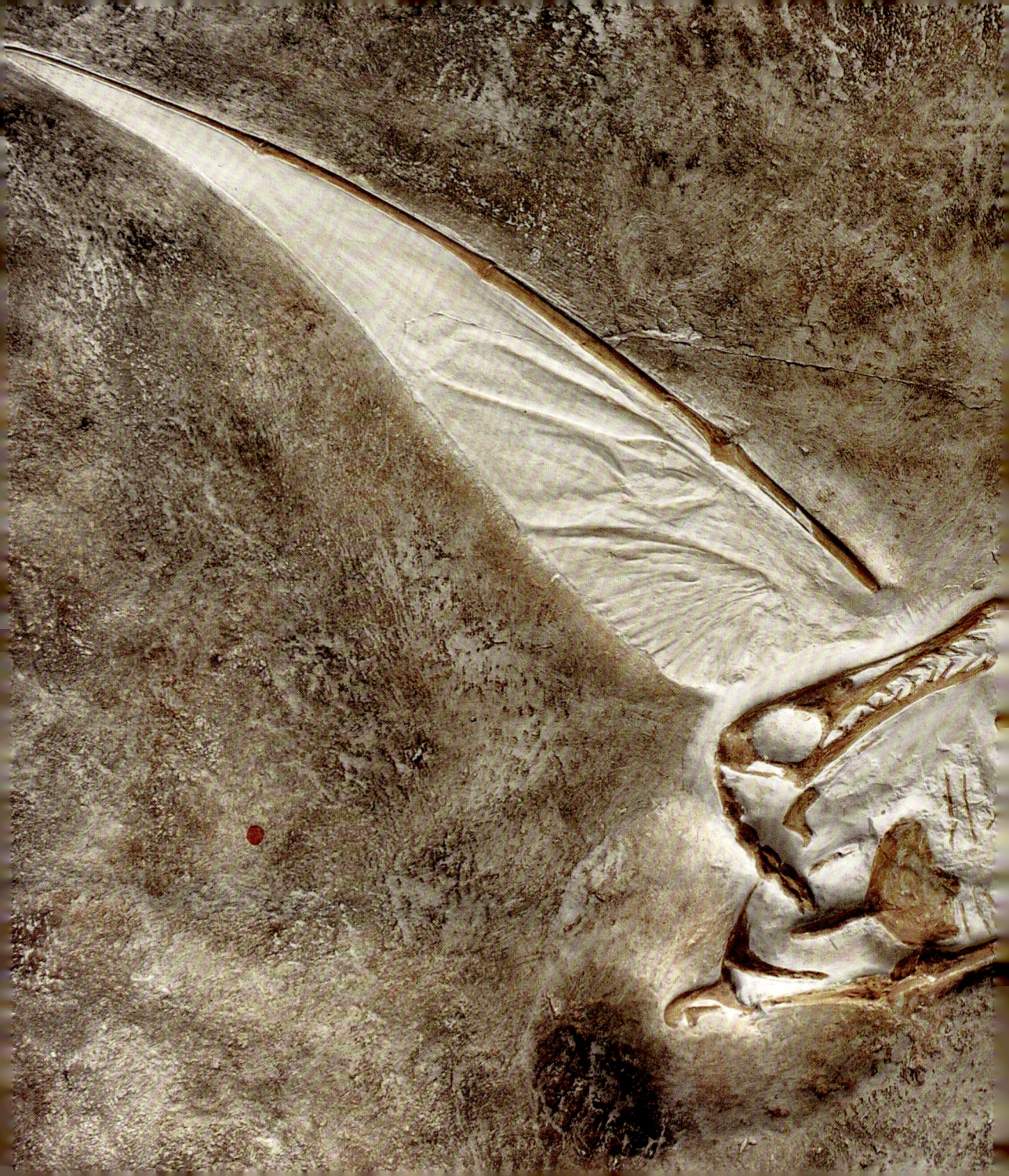

翼手龙

翼龙家族是一类非常奇怪的动物。古老翼手龙就可以说明这一点。在 1784 年，意大利科学家柯西莫·亚历山德罗·科利尼描述了德国晚侏罗世石灰岩中的一个古怪的化石。这种生物和之前发现的任何动物都不一样。这种动物吻部很长，其中长着牙齿，第四手指非常长，身体呈蹲伏状，四肢看起来非常瘦弱。它不是鸟，也不是蝙蝠，也不是柯西莫熟悉的任何一种动物。他认为这种动物是一种未知的海洋生物。几十年之后，解剖学家才意识到这种动物是一种会飞行的爬行动物，并正式将其命名为翼手龙。

翼手龙生活在晚侏罗世的一个古老群岛上，大约位于现在德国附近。它们的化石和始祖鸟、喙嘴翼龙一起埋藏在石灰岩当中，目前已经发现了十几件标本。但喙嘴翼龙是特化的食鱼动物，而翼手龙则可能有其他食谱。翼手龙的长颌和小的牙齿说明它可能广泛地捕猎小型猎物，更有可能是昆虫和其他无脊椎动物这类易于捕食、吞咽的猎物。

不像喙嘴翼龙的牙齿的数目是一生恒定的，翼手龙的牙齿会随着年龄增长而变多。幼年的翼手龙只有 15 颗牙齿，但是成年之后数目可达 90 颗。对于翼手龙来说，飞行能力至关重要，因此幼年翼龙需要快速地长得足够强壮去征服天空，否则就会被岛屿上其他小型恐龙甚至翼龙类吃掉。如果翼手龙每年都繁殖的话，这些快速生长的翼龙群落可能会同时包含幼年、青年和成年个体。

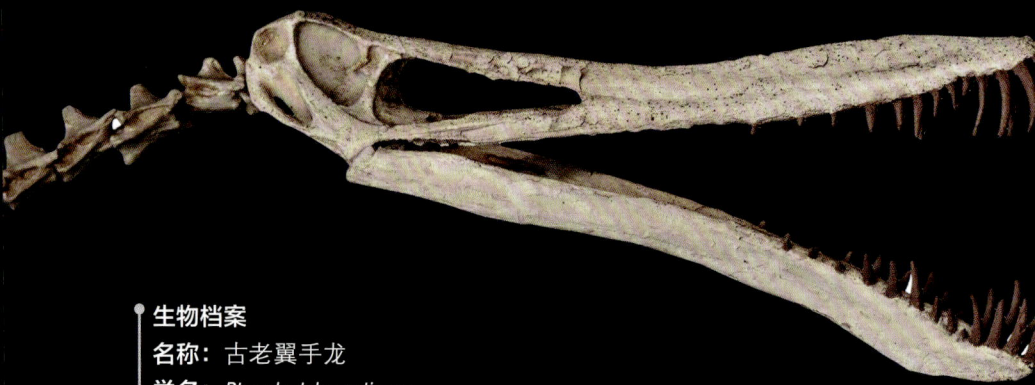

生物档案

名称： 古老翼手龙

学名： *Pterodactylus antiquus*

命名年份： 1812年

时期： 晚侏罗世

地点： 德国

翼展： 0.9米

体重： 0.4千克

食物： 昆虫

分类： 翼手龙下目

第208页及第210~211页图　就像三叠纪和侏罗纪的翼龙类，翼手龙也有牙齿。但和其他翼龙类，比如喙嘴翼龙相比，翼手龙的牙齿更小，更密集。这说明翼手龙的食物更广泛，昆虫、鱼类等任何它们能捕猎到的小型动物都会是它们的盘中餐。

南翼龙

生物档案

名称： 吉氏南翼龙

学名： *Pterodaustro guinazui*

命名年份： 1970年

时期： 早白垩世，1亿500万年前

地点： 阿根廷

翼展： 2.4米

体重： 4.5千克

食物： 小型无脊椎动物

分类： 梳颌翼龙类

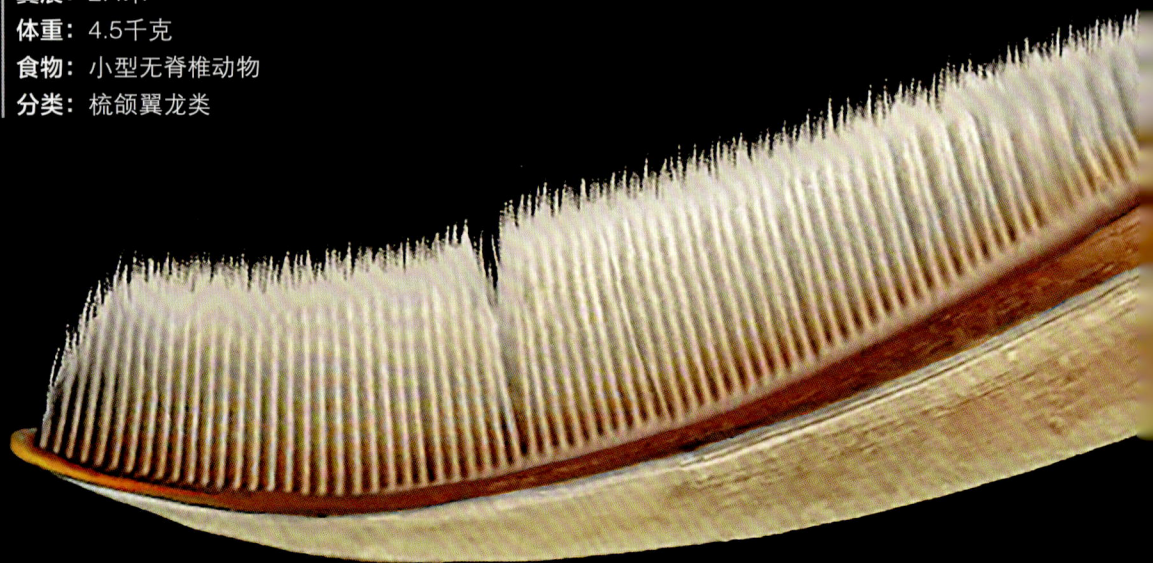

似乎翼龙类在演化上每次都会领先鸟类一步。比如说类似现生火烈鸟一样的形态和行为，早在中生代就已经由翼龙家族演化出来，这些翼龙也主要滤食水中小型无脊椎动物。在1亿500万年前，吉氏南翼龙也会划过水面，滤食水中微小的食物。

一般来说，古生物化石只会保存几块骨头，很少是完整的，但是南翼龙的化石记录非常完整。在阿根廷一个被称为"南翼龙山丘"的化石地点，古生物学家们收集了成百上千件南翼龙的化石，从翼龙蛋到成年翼龙应有尽有。这说明这里是这类翼龙的栖息地，它们成长繁衍都在这片水域当中，化石也因此完好地保存下来。

南翼龙的头骨和其他翼龙的很不相同。它们的上下颌很长、向上弯曲，上颌有一排非常细小、扁平的牙齿。而下颌，则生长着上百颗刷毛状的长牙——颇为类似须鲸的鲸须。这种牙齿揭示了南翼龙奇特的生活方式。南翼龙可能不会捕猎飞行的猎物，而是在浅滩当中涉水，过滤出小型的甲壳类或者其他食物。这种翼龙会把过滤出来的所有食物都吞到肚子里，这些食物的硬壳会被胃石碾碎——这些胃石就是翼龙提前吞入胃中的小石块，可以帮助翼龙消化坚硬的食物，比如小型无脊椎动物。因此，古生物学家参考动物学家们对火烈鸟的了解，把南翼龙的外表复原为粉色，主要因为它们也像火烈鸟那样摄入大量富含胡萝卜素的甲壳类食物。

雷神翼龙

有些翼龙引领了中生代动物头部装饰的潮流。相较于许多早期翼龙有着长而突出的吻部，白垩纪的许多种类则演化出了奇特而突出的头冠。其中最具特色的就是皇帝雷神翼龙，这是一种来自巴西的中型翼龙。

雷神翼龙最早的化石就是它们的头骨。这种翼龙吻部很长，末端有个较低的下颌冠，而头顶有个头冠，让这种爬行动物头骨看起来是楔形的。在 2021 年，古生物学家们报道了一个更为完整的雷神翼龙化石，还包括了头冠的印痕。这种翼龙头冠并不完全由骨质组成，还有一层由软组织组成的帆覆盖在骨质冠上，位于头骨上方。这部分头骨上的柔软的部分覆盖着角质，这是一种坚韧的材料，也覆盖在翼龙的喙上，这样可以让头冠在空中飞行时候足够坚韧、减少损坏。

与许多其他翼龙一样，雷神翼龙也是毛茸茸的。其中一个化石的颌部保留了丝状结构，被称为"致密纤维"。早在侏罗纪时期的其他翼龙身上就发现了类似结构，而且这种结构在翼龙身上很可能就像原始羽毛在恐龙身上一样常见。事实上，虽然原始羽毛和致密纤维曾被认为是独立演化出的两种不同结构，但最近有证据表明它们可能是同源的，发源于恐龙和翼龙的最近共同祖先。这意味着许多恐龙和翼龙会比传统观点下的形象还要毛茸茸很多。

雷神翼龙进化出这样惊人的头冠的原因依旧是个谜。古生物学家们也不清楚这个结构会怎样影响这种恐龙的飞行。这样高、与众不同的结构几乎可以确定能为这种翼龙传递社交信息，但这些华丽的动物也是飞行动物，这种结构也需要适应飞行的行为，也许要等到找到更完整的化石才能解开这个谜团。

和同体形的其他翼龙相比，雷神翼龙可能会花费更多时间在地面上生活。那些有长颈的和修长四肢的翼龙一般被认为是陆地上的觅食者，与其在天空捕猎，不如找地面上的动物作为主要食物。因此，雷神翼龙可能在飞行时候主要寻找地面上的小型脊椎动物和昆虫，然后俯冲下去，凭借长颈叼走小体积的食物。

雷神翼龙属内已经命名了几个种，但古生物学家们还不确定这些是不是对的。可能一些体形较小的"种类"实际代表了大个体的幼年阶段。当有新的化石被发现时，古生物学家才能逐渐填补这种神秘动物拼图中的空缺部分。

生物档案

名称： 皇帝雷神翼龙

学名： *Tupandactylus imperator*

命名年份： 2007年

时期： 早白垩世，1亿1200万年前

地点： 巴西

翼展： 3米

体重： 18千克

食物： 小型脊椎动物和昆虫

分类： 古神翼龙类

生物档案

名称： 魏氏准噶尔翼龙

学名： *Dsungaripterus weii*

命名年份： 1964年

时期： 早白垩世，1亿1500万年前

地点： 中国

翼展： 3米

体重： 15.8千克

食物： 贝类

分类： 准噶尔翼龙类

准噶尔翼龙

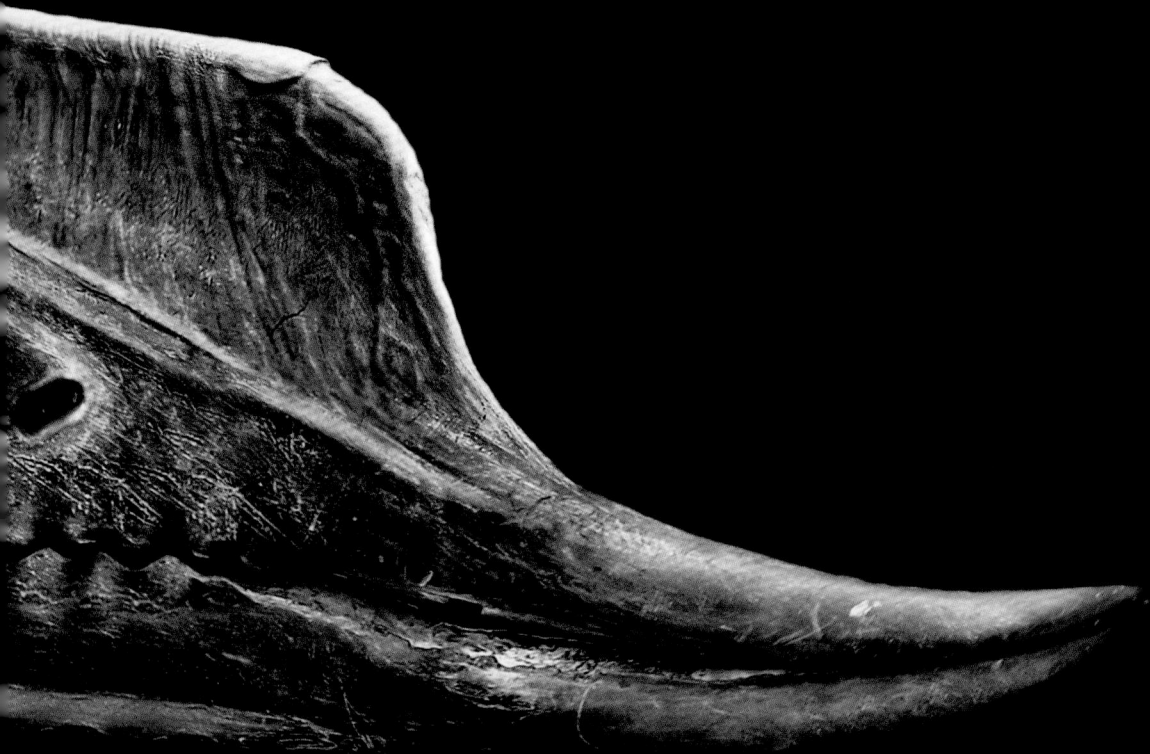

翼龙在滨海栖息地非常繁盛。整个中生代，不同种类的翼龙演化出了包括水中捕鱼、沿滩涂捕食等生存之法，甚至也有像魏氏准噶尔翼龙一样能撬开厚壳海洋生物等的双壳以进食其中软体。

准噶尔翼龙的食性被古生物学家称为食壳性，也就是以有硬壳或者其他难以下嘴的、具有保护措施的生物为食的特性。这种动物有着专门适应施加强大咬合力的特殊牙齿和上下颌结构，可以咬碎其他生物坚硬的外部防御结构。目前古生物学家们发现，准噶尔翼龙应该很擅长从潮池或其他海滨环境中捕捉贝类，然后将其咬碎并吃掉。

准噶尔翼龙的颌骨前侧向上弯曲，没有牙齿。这可能是类似一个小镊子的结构，让翼龙可以抓住小型蛤蜊或者贻贝。而在无牙的颌部后面，这些翼龙长着短而粗壮的牙齿，有助于帮助它们咬碎贝壳，而不让自己受伤。这种翼龙当然可以飞行，但是它们应该会花费相当长的时间在海岸觅食。

类似很多白垩纪的翼龙，准噶尔翼龙的头顶也有个头冠，这个结构是一个长而平的突出，一直延伸到眼睛后方。翼龙之间的头冠差异巨大，说明这种结构主要是一种社交符号，而没有多少空气动力学意义，可能主要是性选择导致的不同物种之间不同的性炫耀方式。如果准噶尔翼龙主要生活在沙滩上，相互争夺成堆的贝类食物，那么这些形状独特的嵴冠就可以让它们轻松发现和识别同类。

振元翼龙

早白垩世是翼龙开始真正分化的时期。不同种类的翼龙适应了不同的猎物和生活环境，一些失去了牙齿，外貌有如鹳鸟一样；而另一些则继续升级改造它们继承自祖先的尖牙利齿。长吻振元翼龙就是这种有齿的翼龙，它有着很长的颌部，上面长着修长的、看起来有点吓人的牙齿。

振元翼龙的化石来自中国辽宁省的早白垩世岩层中，是一个著名的特异埋藏化石集群。就这种引人注目的翼龙而言，它的化石既保存了精美的头骨，展现了这种爬行动物牙齿是如何交叉排列在一起的；又保存了几乎完整的骨架。这种翼龙的体形适中，略大于一只家猫。

振元翼龙属于一类叫作北方翼龙类的翼龙家族，这个类群的名字来自一种叫北方翼龙的翼龙类。实际上，这两类翼龙被发现在同一个化石点，但可以通过它们头冠和更少的牙齿来区分北方翼龙和振元翼龙。不过一些古生物学家们怀疑这些差异实际上是同一种翼龙在不同年龄时的形态差异导致的，提出这两种翼龙可能实际是一种的猜想。

目前我们还不清楚振元翼龙的食性。古生物学家怀疑这种翼龙吃的也许是光滑的小型猎物，因为这是有长的针状牙齿的食肉动物的常见食物。事实上，一些专家认为振元翼龙用它密密麻麻的牙齿像网一样捕捉鱼类，就像今天一些海豚一样。这与在同一生态系统中发现的其他翼龙的行为截然不同，这也许是各种翼龙占据不同生态位以相互共存的一个很好的例子。

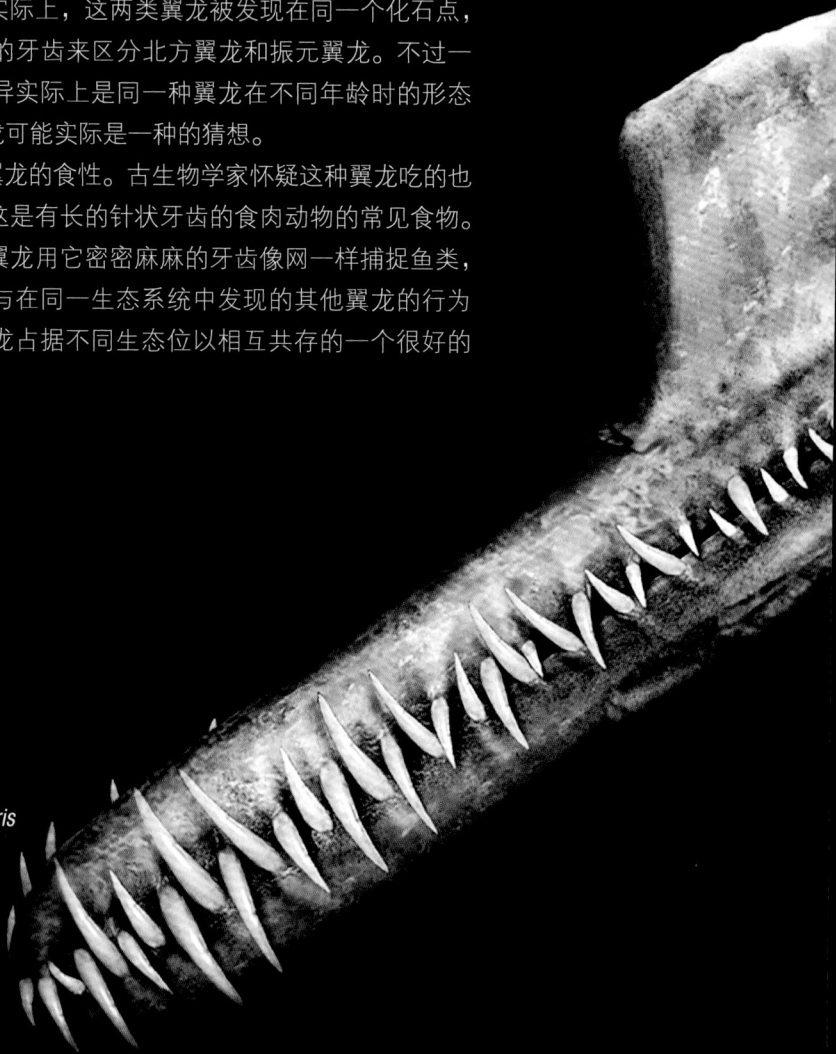

生物档案

名称： 长吻振元翼龙

学名： *Zhenyuanopterus longirostris*

命名年份： 2010年

时期： 早白垩世，1亿2500万年前

地点： 中国

翼展： 3.6米

体重： 22.6千克

食物： 小型脊椎动物

分类： 北方翼龙类

风神翼龙

在整个地球生物演化史上，诺氏风神翼龙是最大的飞行生物。站在地面上时，这种翼龙和长颈鹿一样高，飞在天空的时候它的翼展可以与一架小型喷气飞机相较。没有其他生物可以在长这么大的时候，还能有飞上蓝天的能力。

目前，大多数古生物学家对风神翼龙的了解来自美国得克萨斯州的晚白垩世岩层。可能其他地方也有化石发现，比如蒙大拿州的一节颈椎化石，但风神翼龙稀缺的化石让人们很难追踪这类动物的踪迹。实际上，风神翼龙已经大到它们的迁徙范围可能覆盖全球，在晚白垩世的哪组岩层当中发现也不奇怪。古生物学家估计风神翼龙可以一口气飞行超过 16000 公里而不需要任何休息。

在空中飞行的时候，风神翼龙主要在翱翔。这种巨大的翼龙可以把自己弹射到空中，类似它们小体形的亲戚那样，然后拍打翅膀增加飞行高度，到达一定高度后展翅翱翔，就像现在的一些猛禽那样。虽然直到现在还有一些古生物学家在质疑风神翼龙是否有能力飞行，但最新的研究大多还是支持这种巨型翼龙可以飞行的观点。

在地面上，风神翼龙四肢着地，可能更喜欢捕食小型的猎物，比如蛇、哺乳动物或者幼年恐龙。风神翼龙在地面上捕食的场景可以参考现在的非洲秃鹳。不过，风神翼龙在面对霸王龙这样巨大的掠食者的时候可能会不堪一击，必须在这些大型恐龙一口咬住它们之前，飞上天空逃走。

生物档案

名称： 诺氏风神翼龙

学名： *Quetzalcoatlus northropi*

命名年份： 1975年

时期： 晚白垩世，6600万年

地点： 美国南部

翼展： 11.5米

体重： 226.7千克

食物： 小型恐龙和其他脊椎动物

分类： 神龙翼龙类

物种索引表

222

参考资料

The Complete Dinosaur — 2012 — Michael K. Brett-Surman, Thomas R. Holtz, and James O. Farlow, eds. — Indiana University Press

Pterosaurs — 2013 — Mark Witton — Princeton University Press

The Rise and Fall of the Dinosaurs — 2018 — Steve Brusatte — William Morrow

My Beloved Brontosaurus — 2011 — Brian Switek — FSG/Scientific American

Dinosaur Art — 2012 — Steve White, ed. — Titan Books

The Dinosauria, Second Edition — 2007 — David Weishampel, Peter Dodson, Halszka Osmolska, eds. — University of California Press

The Princeton Field Guide to Dinosaurs, Second Edition — 2016 — Gregory S. Paul — Princeton University Press

Jurassic West, Second Edition — 2020 — John Foster — Indiana University Press

The Sauropod Dinosaurs — 2016 — Mark Hallett and Mathew Wedel — Johns Hopkins University Press

The Princeton Field Guide to Pterosaurs — 2022 — Gregory S. Paul — Princeton University Press

The Pterosaurs — 2005 — David Unwin — Pi Press

Dinosaurs — 2021 — Michael Benton and Bob Nicholls — Thames & Hudson

Flying Dinosaurs — 2014 — John Pickrell — Columbia University Press

Weird Dinosaurs — 2017 — John Pickrell — Columbia University Press

The Last Days of the Dinosaurs — 2022 — Riley Black — St. Martin's Press

The Scientific American Book of Dinosaurs — 2000 — Gregory Paul, ed. — St. Martin's Press

The Tyrannosaur Chronicles — 2016 — David Hone — Bloomsbury Sigma

Dawn of the Dinosaurs — 2006 — Nicholas Fraser and Douglas Henderson — Indiana University Press

Dinosaur Facts and Figures: The Theropods and Other Dinosauriformes — 2019 — Ruben Molina-Perez and Asier Larramendi — Princeton University Press

Dinosaur Facts and Figures: The Sauropods and Other Sauropodomorphs — 2020 — Ruben Molina-Perez and Asier Larramendi — Princeton University Press

Tyrannosaurid Paleobiology — 2013 — J. Michael Parrish, Ralph Molnar, Philip Currie, Eva Koppelhus, eds. — Indiana University Press

Dinosaurs — 2007 — Thomas R. Holtz — Random House Books for Young Readers

Dinosaurs — The Grand Tour — 2019 — Keiron Pim — The Experiment

图书在版编目（ＣＩＰ）数据

恐龙复原档案：解密远古时期的地球霸主／（美）赖利·布莱克（Riley Black）著；（意）里卡尔多·弗拉皮奇尼（Riccardo Frapiccini）绘；廖俊棋，秦子川译. -- 北京：人民邮电出版社，2025.5
（爱上科学）
ISBN 978-7-115-63962-2

Ⅰ. ①恐… Ⅱ. ①赖… ②里… ③廖… ④秦… Ⅲ.①恐龙－普及读物 Ⅳ. ①Q915.864-49

中国国家版本馆CIP数据核字(2024)第054836号

内 容 提 要

本书以档案的形式介绍每种恐龙，包括恐龙的放大头像、相关物种信息，并附有特点介绍和化石照片等。全书按照年代划分，从三叠纪、侏罗纪到白垩纪，其中又以白垩纪的分类最细，包含了暴龙家族、窃蛋龙家族等演化分支的介绍。书中的恐龙都是所有恐龙中最著名或被研究得最深入的恐龙。在本书中，你不仅会遇到霸王龙等经典恐龙，还会遇到也许不够著名，但足够特别的恐龙，比如迈摩尔甲龙，它是已知最早的装甲类恐龙；还有棘龙，这是唯一一种被认为会长时间待在水中的非鸟类恐龙。体形大的和体形小的、有牙齿的和有喙的、有羽毛的和有鳞的，本书是对恐龙这群曾统御地球的伟大生物的奇妙致敬。

书中内容浅显，就算没有深入的专业知识也能阅读并获得知识与乐趣，同时介绍的恐龙种类多、内容丰富，因此即便是对恐龙已有所了解的读者也能在书中学习到新知识。本书适合对古生物、恐龙感兴趣的读者阅读。

♦ 著　　　　[美] 赖利·布莱克（Riley Black）
　 绘　　　　[意] 里卡尔多·弗拉皮奇尼（Riccardo Frapiccini）
　 译　　　　廖俊棋　秦子川
　 责任编辑　王　芳
　 责任印制　马振武

♦ 人民邮电出版社出版发行　　北京市丰台区成寿寺路 11 号
　 邮编　100164　电子邮件　315@ptpress.com.cn
　 网址　https://www.ptpress.com.cn
　 北京盛通印刷股份有限公司印刷

♦ 开本：787×1092　1/16
　 印张：14　　　　　　　　　　2025 年 5 月第 1 版
　 字数：332 千字　　　　　　　2025 年 5 月北京第 1 次印刷
　 著作权合同登记号　图字：01-2023-0437 号

定价：119.80 元
读者服务热线：(010)53913866　印装质量热线：(010)81055316
反盗版热线：(010)81055315